人民胜利渠灌区 地下水演变特征与预测

张先起　赵文举　穆玉珠　王燕鹏　冯利　著

中国水利水电出版社
www.waterpub.com.cn
·北京·

内 容 提 要

本书是一部关于黄河下游人民胜利渠灌区地下水演变特征与预测的著作。全书共有七章，包含绪论、研究区域概况、地下水监测体系、地下水水位时空变化特征、地下水水质变化特征、地下水水分运移研究、地下水埋深预测等。

本书可作为水利、农业高等院校、科研院所、相关管理部门等的科技人员与本科生、研究生等参考使用。

图书在版编目（CIP）数据

人民胜利渠灌区地下水演变特征与预测 / 张先起等著. -- 北京 : 中国水利水电出版社, 2019.11
ISBN 978-7-5170-3585-5

Ⅰ. ①人… Ⅱ. ①张… Ⅲ. ①黄河—引水—灌区—地下水资源—研究—河南 Ⅳ. ①TV67②P641.8

中国版本图书馆CIP数据核字(2019)第294937号

书 名	**人民胜利渠灌区地下水演变特征与预测** RENMIN SHENGLI QU GUANQU DIXIASHUI YANBIAN TEZHENG YU YUCE
作 者	张先起 赵文举 穆玉珠 王燕鹏 冯利 著
出版发行	中国水利水电出版社 （北京市海淀区玉渊潭南路1号D座 100038） 网址：www.waterpub.com.cn E-mail：sales@waterpub.com.cn 电话：（010）68367658（营销中心）
经 售	北京科水图书销售中心（零售） 电话：（010）88383994、63202643、68545874 全国各地新华书店和相关出版物销售网点
排 版	中国水利水电出版社微机排版中心
印 刷	北京中献拓方科技发展有限公司
规 格	170mm×240mm 16开本 10印张 208千字
版 次	2019年11月第1版 2019年11月第1次印刷
定 价	**48.00**元

凡购买我社图书，如有缺页、倒页、脱页的，本社营销中心负责调换

前言

水是一种有限的、不可替代的自然资源，是人类进行工农业生产、生活和生态环境保护必不可少的基础性资源。地下水资源与人类社会息息相关，尤其是在我国干旱、半干旱地区，地表水资源相对比较匮乏，地下水资源更是成为了这些地区的主要供水水源，在生活用水和农业灌溉等方面起到了重要的作用。人民胜利渠灌区位于河南省黄河下游的北岸，是中华人民共和国成立后在黄河下游建立的首个引取黄河水进行灌溉的大型自流灌区，是我国重要的粮食主产区，对促进区域社会经济发展，保障粮食安全具有重要的作用。随着区域社会经济的发展，生活与生产用水需求增加，再加上灌区内地下水资源在时空分布上的不均匀，造成了一些地区地下水的超量开采，形成了地下水漏斗。

人民胜利渠灌区地下水演变具有复杂性、缓慢性、模糊性和不确定性等特点，其演变特征与灌区内工农业生产、区域环境特征、地下水补给条件及其他的人类活动等因素息息相关。人民胜利渠灌区地下水演变的研究是一项长期的、复杂的基础性工作。开展人民胜利渠灌区地下水演变的研究，分析灌区地下水动态特征、分布情况和变化趋势，揭示地下水演变的机制，可为灌区水土资源开发利用、水资源和生态环境保护提供理论基础。

本书共有7章，第1章绪论，第2章研究区概况，第3章地下水监测体系，第4章地下水水位时空变化特征，第5章地下水水质变化特征，第6章地下水水分运移研究，第7章地下水埋深预测。主要内容以人民胜利渠灌区地下水演变特征为主线，首先，分析了人民胜利渠灌区地下水演变研究的背景与意义，结合国内外相关研究的状况与人民胜利渠灌区地下水实际情况提出了研究的内容和目标；然后，在构建灌区地下水监测体系与地下水实测数据统计、整理与分析的基础上，分析了灌区地下水水位年际、年内变化特征以及地下水演变的趋势性、周期性、突变性和混沌性，构建了灌区地下水水质评价体系，并对地下水水质进行了综合评价；其次，利用 HYDRUS－2D 模型对灌区地下水水分的运移进行了模拟；最后，构建了基于非线性多尺度的灌区地下水水预测模型、基于相空间重构与 BP 神经网络的地下水预测模型、基于小波分解与 Elman 神经网络的地下水预测模型、基于 CEEMD－NAR 耦合的灌区地下水埋深预测模型 4 个模型，对人民胜利渠灌区地下水水位变化进行了预测。

本书是作者在近年来关于人民胜利渠灌区地下水、水文要素时间序列演变等方面研究成果与王臣博、韩伟伟硕士论文的基础上凝练而成的，由华北水利水电大学的张先起、河南省新乡水文水资源勘测局的赵文举、穆玉珠、王燕鹏和信阳市南湾水库管理局的冯利等共同完成。全书由张先起统稿，其中，第 1 章、第 6 章、第 7 章由张先起、冯利主笔，第 2 章、第 3 章、第 4 章和第 5 章由赵文举、穆玉珠、王燕鹏主笔。另外，本书部分理论、方法参考和借鉴了国内外相关的研究成果，也得到了许多同仁的大力支持与帮助，在此一并表示感谢。本书的出版得到华北水利水电大学水利工程重点学科、水利部 948 项目“粮食主产区地下水实时评价关键技术研究与示范”（2013028）、河南省国际科技合作计划项目“河南省粮食主产区地下水环境演变特性模拟与调控研究”（152102410052）等的联合资助。

由于作者水平有限，书中不当和错误之处恳请不吝指正。

笔者

2019 年 9 月

目录

1 绪　　论

1.1　研究背景和意义

1.1.1　研究背景

水是人类赖以生存的宝贵的自然资源，是人类进行工农业生产、生活和生态环境保护必不可少的物质基础，是任何物质都无法替代的。地表水经由含水层的补给进入地层并储存于其中形成地下水，作为水资源的重要组成部分，地下水具有水质好、分布范围广、水温恒定、不易被污染、供水量较稳定且可持续开发利用等优势。地下水资源与人类社会息息相关，在生活、工业建设以及农田灌溉等方面起到尤为重要的作用，尤其在干旱、半干旱地区，地表水相对比较匮乏，地下水便成了这些地区的主要供水水源。

我国经济正处在快速持续的发展时期，人口数量稳步增加，人们对地下水资源的需求量也在不断增加。一些地区过度地开采地下水，已经引起了地下水水位下降、地下水水质恶化等环境问题，从而导致了地面沉降、地裂、海水入侵、生态系统恶化以及生物多样性的破坏等一系列生态灾害。近年来，为解决我国饮水安全与保证农业灌溉，全国地下水开采量平均以每年约25亿m^3的速度递增，已形成大型地下水降落漏斗100多个，面积达数千平方公里。如何遏制地下水的过度开采，提出科学、高效的管理措施，合理配置地下水资源，实现地下水资源的可持续利用，已经成为我国社会经济发展与生态环境保护的重要问题。

河南省是我国第一人口大省和农业大省，耕地面积仅占全国的6%，却生产出了全国10%以上的粮食，是我国粮食的主要核心产区之一。多年来，河南省粮食产量均位居全国前茅，不仅解决了上亿人的吃饭问题，每年还调出约150亿kg的原粮及加工制品，为维护国家粮食安全做出了突出贡献。与此同时，河南省是水资源比较匮乏的省份，全省水资源总量在全国居第19位，人均水资源占有量仅414.5m^3，为全国水平的1/5，属于严重缺水地区。近年来，河南省经济飞速增长，工农业生产迅速发展，城市化进程不断加快，工业和生活用水需求量巨大，农业水土资源供需矛盾加剧，农业供水保证率低，农业灌溉用水短缺已成为农业发展和粮食安全的重要制约因素。由于地下水资源在时空分布上的不均匀，再加上用水在不同地区与行业上的不协调，而且缺少合理的调配与调度，造成了某些地区地下水的超量开采，形成了大面积漏斗区。由于地表水源不足、水质不好等一系列原因，在河南省的一部分地区，中深层地下水也被大量开采，形成了不同面积、不同深度的漏斗区，有些地方由于漏斗面积与深度比较大，甚至已经产生了地面下陷、开裂等环境地质问题。

人民胜利渠灌区地处河南省境内，位于黄河的北岸，是中华人民共和国成立后在黄河中下游建立的首个引取黄河水进行灌溉的大型自流灌区，是我国重要的粮、棉、油生产基地，对促进区域社会经济发展、保障粮食安全具有重要的作用。人民胜利渠灌区不但对灌区内及周边进行农业灌溉，而且还肩负着推广现代农业、保护灌区生态环境、城乡生活水源和工业用水供给等使命。但是随着区域社会经济的发展，人口增加和人民生活水平的提高，国民经济各部门用水需求增加，人们不断加大了对水资源的利用，造成灌区地下水开采量日益增加，地下水埋深不断增大。人民胜利渠灌区地下水埋深差别较为明显，灌区上游临近黄河，渠灌取水方便，地下水开发利用程度较低，地下水埋深较小，地下水蒸发的损耗大；下游远离黄河，渠灌取水不方便，以井灌为主，地下水超采严重，地下水埋深较大，甚至形成了地下水漏斗。

结合人民胜利渠灌区水资源利用状况，针对灌区地下水资源开发利用过程中所存在的问题，如何充分发挥灌区的经济与社会效益，改善灌区生态环境，促进区域水土资源的可持续利用，这就需要加强灌区地下水的监测，摸清地下水水位动态变化特征，揭示地下水演变机制，科学预测其发展趋势。

1.1.2 研究意义

人民胜利渠灌区内地下水环境的变化与灌区内引黄灌溉、自然环境及其他的人类生产耕作活动息息相关，且灌区内地下水环境的变化具有复杂性、缓慢性、难恢复性等特点，加之近些年的农业灌溉需水量增加，地下水环境恶化，引发人们对其关联性的高度关注和思考。做好地下水监测是灌区地下水合理开发利用、水环境保护与治理、促进灌区水土资源可持续利用的必备基础工作。

通过对地下水要素变化规律进行研究，可以了解地下水资源的演变过程，在一定程度上可以实现对地下水动态变化趋势的预测。正确预测地下水水位，合理开采地下水资源，可以有效遏制地下水的过量开采，防止由于过量开采引起的地质灾害问题的发生。掌握地下水动态特征和了解其分布情况是实现地下水资源可持续利用和灌区发展规划制定的前提。

人民胜利渠灌区作为河南省重要的粮食主产区，不但可以为我国的粮食安全提供保障，还在一定程度上促进了区域经济的发展，并且对灌区生态环境的保护也起到了一定的作用。通过对人民胜利渠灌区地下水进行全面科学的监测，对灌区地下水动态特征进行研究，了解灌区地下水时空演变规律，掌握其动态变化特征，并在此基础上对地下水埋深进行预测，分析地下水水位变化趋势，可以为灌区地下水资源可持续利用、生态环境安全，以及社会经济持续健康发展提供理论基础，为各级行政部门制定灌区地下水资源规划、农业发展规划、生态环境保护与治理、社会经济发展规划提供决策依据。

1.2 国内外研究进展

一般来说，地下水动态是指地下水的各要素（水量、水位、水质等）随时间的变化状态，当人们开发利用地下水资源或者进行与地下水有关的生产、生活和科学研究时，必将面对这一课题。地下水动态研究的主要工作是对地下水信息进行提取和分析，帮助人们了解地下水资源的形成及演化，揭示地下水系统内部状态特征等。地下水动态预测使人们能够正确地认识地下水条件及变化（包括对地下水资源性质的认识及数量评价），合理开发与利用地下水资源。国内外相关的研究主要集中在地下水监测、地下水水质评价、地下水演变特征与地下水预测等方面。

1.2.1 地下水监测

地下水监测是为了及时掌握地下水各要素的变化，有效地反映地下水埋藏情况，全面反映地下水埋藏形成条件，充分认识地下水水质、水量，为地下水开发与利用提供基础依据。

早在19世纪40年代，国外就已经开展了地下水的监测工作。英格兰在19世纪40年代已经搭建了地下水水位的监测网。国外在地下水监测方面，主要是利用存储空间较大且体积较小专用于地下水监测的设备进行地下水的自动化监测，有的设备可以直接安装在监测井的侧壁上，由于体积较小可以利用直径较小的监测井进行仪器的安装，仪器的适应性较高，加之设备集成无线传输模块，将监测和存储的数据实时传送到用户端。国外的记录仪器比较可靠，其高度集成、小型化、低功耗的性能使得记录部分和传感器可以成为小型一体化的整体，非常适用于地下水监测。另外国外产品都是一体化的，数据存储部分基本包含在传感器内；国外产品可以装在测井口上，防护性能较好，也便于建设、维护，并可以有多种安装方式；国外产品基本上都只依靠电池供电工作，一般工作状况下，工作时间都不低于 2 年，也有用太阳能电池或交流电充电方式由蓄电池供电的。

20 世纪 50 年代至 60 年代，是我国地下水监测工作的起步阶段，水利、国土资源等部门在部分区域逐渐开始了系统的地下水监测工作。这一时期，地下水监测工作主要为工农业生产及城市生活供水服务。这一时期，在黄河宁夏灌区、河南省一些大型灌区以及安徽、江苏、湖北、江西等地开展了系统的地下水观测。

20 世纪 70 年代初至 80 年代，是我国地下水监测的快速发展阶段，北方大部分省份已初步形成了一定规模的地下水监测网络，监测内容也从单一的水位扩展到水位、水温、水量、水质等多个要素的监测。我国北方以地下水供水为主的 17 个省（直辖市）已建立了初步的地下水水位监测网。随着社会经济的快速发展，对地下水相关数据的需求也越来越多，地下水监测工作服务的范围也逐渐扩大，其重要性也日益明显。

20 世纪 90 年代至今，是我国地下水监测工作的积极探索阶段。由于一些区域地下水的不合理开发造成的地下水水位持续下降、地面塌陷和沉降、泉水干涸、湿地萎缩、海水入侵、地下水污染等问题越来越严重，对我国地下水资源可持续利用和生态环境保护带来了一系列严峻挑战。早期建设的地下水监测站网已不能满足现阶段经济发展的需要，因此，近年来，在部分恢复原有监测站的基础上规划并新建了一些监测站。与此同时，有关单位与部门不断研制出多种新型的地下水监测仪器设备，积极探索尝试采用更为先进的监测手段，初步形成数据采集、传输、分析、信息发布的工作框架。

地下水监测的主要内容是水位和水质。监测地下水水位的方法可以分为人工观测和自动观测，使用相应的人工和自动观测设备。人工观测地下水水位的观测设备一般是测盅和电接触悬锤式水尺。利用测盅进行地下水水位观测，操作简单，应用范围较广，但测量水位值准确性较差；自动观测在用电保证上一直存在问题。国内的此类产品主要是兼用于地表水位测量的仪器，特点是：浮子较小，直径一般为 6～10cm；水位记录装置或编码器体积较大，阻力也偏大，都要安装在地面上。地下水水质监测方法也可以分为人工采样分析和自动监测两种方法。地下水水质自动监测基本上都采用电极法水质自动测量仪器，人工测量时一般都只在现场采集水样，带回实验室分析。另外，也可以使用便携式自动测量仪在现场进行人工自动测量和采样分析。

当前，国内已经在一些领域，如地质调查和地震预测等方面，应用了一些地下水数据监测仪器，一些设备的生产制造公司也开始重视开发地下水监测方面的传输仪器。地下水和地表水有所不同，国内水文系统用的产品基本都是地表水用的遥测设备，小型化程度较差，要建站房或仪器箱。能耗方面，国内的产品大部分是以太阳能电池浮充蓄电池供电方式为主，功耗偏高，仪器的监测探头以及仪器总体的智能化、自动化水平相对较低。随着国内对地下水水质监测的认识和重视程度不断加大，人们对地下水水质评价的量化水平要求越来越高，对地下水水质监测仪器的要求也不断提升，已引领电极原理的水质监测探头以及无线自动传输设备的不断改进，并在逐步实现监测数据的自动化传输。但地下水水质与水位的监测仪器发展应充分考虑我国不同地区的实际情况，在需要自动监测地下水水位与水质的区域，一般周边环境相对恶劣，这就要求监测仪器的发展方向应以适应恶劣的环境条件为前提，引进国外先进仪器，消化吸收，促进地下水监测水平。

从 2014 年起，水利部和财政部等有关部门在河北启动了地下水超采综合治理试点。通过采取置换水源、调整农业种植结构、推广节水灌溉、加强地下水管理等措施压采地下水。2015 年，水利部与国土资源部联合启动了国家地下水监测工程，新建、改建地下水监测站点 20401 个，建设期为 3 年，该项工程完工后，将大大提高地下水监测能力和水平。

由上可以看出，在地下水的监测方面，我国虽然积累了大量的地下水观测资料，在指导国家饮水安全、工农业生产等方面发挥了重要作用，也在有效控制地下水超采、涵养地下水源，改善生态环境，延缓和防止地质灾害等方面起到了积极作用，但现有的地下水监测体系，无论对国家及流域的宏观监测管理，还是与地方的开发利用管理要求均存在很大差距。主要表现在地下水监测专用井不足、观测数据代表性差、监测及传输手段落后、数据的可靠性和时效性差、地下水监测站网布局不完善等问题。

1.2.2 地下水水质评价

地下水水质评价就是评价地下水的质量状况，及时发现水质污染并采取防治措施，这是一项基础性、前期性工作。地下水水质评价的目的来自人类生活以及生产的需求，基于不同的用途。地下水水质评价选择的指标以及对评价标准、分类结果的判断都存在差异，这决定了地下水水质评价与分析方法的多样性。

1997年，H. K. Lee等将灰色系统理论与专家系统相结合建立了水环境质量生态评价模型；2000年，Bin Zhang等利用贝叶概念和神经网络组合进行了区域非点源污染的评价等。20世纪80年代初，原地质矿产部组织开展了第一轮全国地下水资源评价工作；2000—2002年，国土资源部又组织开展了新一轮全国地下水评价工作，对全国地下水进行了重新计算和评价。1974年，我国提出第一个表示水质污染情况的综合指数，期望用一种简单、易行的统计数值来评价在多个污染因子条件下水环境质量的综合污染情况；1979年，唐永銮系统介绍了环境质量综合指数，并加以剖析。1979年，王华东阐述了环境质量预测评价及其方法，并指出应该把环境保护工作做在环境污染之前，摆脱环境保护工作的被动状态。1982年，邓聚龙在国际性杂志《系统和控制通信》上发表了论文《灰色系统控制问题》，宣告了灰色系统理论的诞生，并在地下水环境质量评价方面得到了应用。1985年，林宗振提出环境质量综合指数的计算可采用混合加权模式。1994年，林衍根据各种污染因子对环境质量的不同影响，将混合加权模式和灰色局势决策法相结合，用于环境质量评价。1994年，曹毅军、林宗振提出一个比较完善的计算环境质量综合指数的K一级混合加权模型，解决了在单项分指数超过9个时普通混合加权模式的不完善之处。1998年，孙才志、廖资生针对常规的水环境质量评价及污染因子赋权方法存在的不足，提出了两种改进污染因子赋权方法，在此基础上应用模糊识别方法进行水环境质量评价。2004年，张志祥、陆晓华运用因子分析法对汉江各主要水质断面进行水质污染因子分析及综合评价。2006年，谢武、王旭根据物元分析理论，探讨了水库水质的综合评价模型。2007年，叶招莲利用幂函数法、向量模法和加权平均法等3种综合指数评价法与模糊评价法相结合的综合集成法——模糊综合指数法和综合加权法对常州市区几条主要河流水环境现状进行了评价。2007年，王娟、高原从众多水环境质量评价方法中选取单项指数法、加权均值型指数法、模糊数学法进行介绍，并运用这三种方法对大汶河某年监测数据进行评价。2004年，薛巧英综述了各种水环境质量评价方法，对目前水环境质量评价中的不同方法进行了比较分析，对各种评价方法的优点和不足做出评述。2007年，苏耀明、苏小四详细综述了水质评价方法、评价指标与水质标准。2008年，冯梅讨论了水环境质量评价、预测的数学模型及其应用。2008年，刘金生等通过构建基于BP（反向传播）神经网络模型对抚河水质进行评价。2009年，李俊、卢文喜等采用主成分分析法，对长春市石头口门水库汇水区的主要河流进行了水环境质量综合评价。20世纪80年代以来，水环境质量评价的方法较为简单，多为指数法，有单因子指数法和综合指数法等。80年代后期，随着计算机技术的发展、数学理论的深入研究，使现代数学理论应用于水环境质量评价得以实现，有基于模糊理论的水环境质量评价法，具有代表性的有模糊概率法、模糊综合评判法、模糊综合指数法等。有基于灰色系统理论的水环境质量评价法，代表性评价方法有：灰色关联评价法、灰色聚类法、灰色贴近度分析法；基于统计理论的主成分分析法；基于神经网络的水环境质量评价法；基于地理信息系统（GIS）的水环境质量评价法。

综上所述，我国的地下水环境质量评价工作开展较晚，在评价体系上难以形成统一的优劣判断，在实际应用中应该更加注重方法与实际的融合，所采用方法与假设是否与地下水水质评价一致。地下水水质评价的方法众多，但难以形成统一的优劣判断，主要原因有以下三个方面：一是在判断和筛选对环境影响较大的特征污染物方面，由于水质检测、样本数据方面的限制，使得由于出现重大遗漏而导致地下水水质评价不实。二是数学方法的使用在一定程度上可以减少人为评价的主观性，但在实际应用中应该更加注重方法与实际的结合，所采用方法的前提与假设是否与地下水水质具体情况一致。每一种方法都有其优点和缺点，并不是所有的数学方法都适合于地下水水质评价，因此，在数学方法与计算模型选择上应该更加趋于谨慎。三是专家具有丰富的经验与知识，以及对评价对象的了解，采用专家决策支持的方法更快更容易获得分类结果，但同时这也存在不客观、不全面等人为因素的影响。

1.2.3 地下水演变特征研究

地下水动态研究是水文地质和农田水利领域的重要研究内容，对地下水的动态进行分析，是地下水动态研究的主要内容，早就引起国内外学者们的重视。卡明斯基、阿维里杨诺夫、巴鲁巴琳诺娃-柯琴娜等众多学者都先后对这类问题做了深入的研究。早在20世纪初，国外一些学者就对地下水动态变化进行了系统的研究，他们采用的方法是水均衡方法和水文地质比拟法。20世纪40年代，苏联水文地质学家Kamenski就曾将其建立的地下水运动差分方程应用于地下潜水动态预报。20世纪60年代初，苏联的水文地质学家康诺普梁采夫等出版了《地下水天然动态及其规律》一书，随后，通过研究地下水动态与演变特征来了解地下水资源形成及其性质这一十分有效的方法，得到了许多国家的共识，他们相继开始了对地下水动态与演变特征的研究。1978年，Hodgson Frank D. I. 提出将多元线性回归方法应用于模拟地下水动态研究的思路，之后，E. Zaltsberg于1982年采用多元回归方程对苏联地下水进行动态预报。1983年Young分析了土壤水和地下水流通边界问题中的时空变量标度问题，为当时一维空间内土壤水吸附以及与地下水的交换研究提供了依据，同时也为类似于水向植物根部运动和抽水井的放射性问题的研究提供了参考。

国外对地下水动态模拟的研究和应用较早，且理论、技术等各方面相对成熟，目前已经从“水量问题”的应用研究逐步过渡到“水质问题”的应用研究上，以解决各种更复杂的地下水问题。早期主要采用比较简单的水均衡法和水文地质模拟法对地下水动态特征进行分析，其后随机方法与数值模拟方法的应用迅速发展。与国外相比，我国的水文地质工作开始的相对较晚，直到1958年水文地质长期观测站才建立起来，因此，长期的动态观测资料也比较缺乏。1970年以前，我国很少有人进行地下水动态方面的研究，直到70年代后期，地下水动态问题才引起了一些专家学者的重视，他们相继开始对地下水动态进行系统的研究。一大批专家学者针对我国各地区地下水资源的特征，使用不同方法对地下水动态与演变特征进行了系统研究，取得了丰硕的成果。1976年，原河北水文地质局水文地质第四大队、河北大学数学系运用回归法对太行山地区大清河流域的地下径流进行了分析和预报。20世纪80年代，杨成田归纳总结了国外地下水动态的成因及类型。颇志俊在1991年提出地表水与地下水联合运用的算法，通过迭代方式以掌握地下水埋深的变化，合理分配供水量，并保持地下水处于动态平衡状态。

已有的大量研究表明地下水水位数据具有趋势性、周期性，一些非稳定的时间序列模型便被广泛用于地下水水位的分析，例如运移函数（TF）模型、自回归的综合移动平均（ARIMA）模型。Scheibe等分析了在不同尺度下的地下水流及其运移行为。Juan等运用ARC/INFO和MODFLOW模拟了美国Jackson Hole地区的冲积含水层。国内相关研究主要是采用模拟模型或回归方程，例如赵传燕等国内学者利用FEFLLOW模型模拟黄河流域上游干旱区地下水水位动态变化，分析了不同时空条件下地下水水位的变化规律。1992年周仰效通过构建联合模型对地下水水位时间序列进行分析等。

我国关于地下水动态演变特征的研究主要是使用确定性的方法进行分析，随机性方法应用比较有限。近些年来，应用一些数值模拟的新方法、新理论进行地下水动态演变方面的研究在我国发展迅速。我国对地下水动态研究的工作在不断加深与进步中，地下水动态演变研究工作在整个水文地质工作中所占的比重将会进一步增加。

1.2.4 地下水预测

1999年，翟国静、王瑞恩通过对地下水动态与开采量之间的关系进行分析，运用灰色系统方程对沧州市地下水水位进行了预测，得出较为理想的结果。2002年，郑书彦、李占斌、李喜安将人工神经网方法应用于地下水水位动态的预测中，结果表明此方法的预测精度较高。2004年，齐学斌、樊向阳等在进行水资源平衡分析基础上，对井渠结合灌区的地表水和地下水进行联合优化调度，提出引洪补给方案，并采取地膜覆盖集雨种植节水技术和引洪补源技术，实现灌区水资源的高效可持续利用。2008年，根据对山东省淄博市地下水水位动态特征的研究，杨丽丽等建立了关于地下水水位和开采量、降水量的二元非线性回归模型，同时对模拟精度进行分析。卢文喜对地下水运动数值模拟中的边界条件进行了分析，提出在模型预报前要考虑自然因素、人类活动因素及邻区水流条件因素产生的耦合效应问题，先对边界条件进行预报。

Nan Zhang 等运用 GSM、RBF 和 ANFIS 模型对吉林市的非承压含水层地下水埋深进行了预测；Adhikary 等采用交叉验证方法比较了 IDW、RBF、OK、UK 插值方法在地下水水位预测中的效果；Al - Mahallawi 等利用神经网络预测了农村农业地区的地下水硝酸盐污染的变化；Maiti 等运用三种神经网络模型对地下水水位进行了预测；杨忠平等运用时间序列模型预测了吉林省地下水的动态变化；沈冰等利用灰色记忆模型对新疆和田地下水埋深进行了预测；李荣峰等采用自记忆模型对山西晋中地下水埋深进行了预测。

随着人们对地下水资源开发利用的增加，与地下水演变有关问题的范围和复杂性也随之越来越大。工农业生产和人类活动对区域地下水水位、水质的影响日益突出。地下水动态演变的模拟可以量化地下水的动态变化与人类活动的关系，可以比较不同开发利用情景，并分析其地下水环境带来的影响，以便人们了解采取什么行动来保证地下水的可持续利用，维持合适的生态水位。

1.3 主要研究内容

（1）人民胜利渠灌区地下水水位动态变化特征研究。对人民胜利渠灌区及各分区的多年地下水埋深观测数据进行统计分析，使用 Surfer 软件，运用克里格（Kriging）插值法，对人民胜利渠灌区 1993 年、1998 年、2003 年、2008 年和 2013 年 5 个年份地下水年平均埋深的监测数据进行分析，绘制灌区地下水埋深的等值线图。利用灌区及各分区现有 1993—2013 年 21 年地下水埋深数据，绘制灌区及各分区多年地下水平均埋深变化曲线，根据所得到的曲线以及变化速率分析灌区及各分区地下水埋深年际变化特征。

（2）人民胜利渠灌区地下水埋深演变研究。采用趋势系数法、Mann - Kendall 秩相关法对人民胜利渠灌区 1976—2013 年 38 年地下水序列进行趋势性分析，并通过直线趋势法进行作图检验，验证结果的准确性。利用最大熵谱估计对地下水埋深作周期分析，利用 Mann - Kendall 秩相关法对地下水埋深作突变分析。在相空间重构理论基础上，通过自相关函数法求出灌区及各分区的延迟时间，利用 G - P 算法求出关联维数，并利用小数据量法计算出最大 Lyapunov

指数研究灌区地下水埋深时间序列的混沌性。

(3) 人民胜利渠灌区地下水水质评价。根据河南省人民胜利渠灌区具体情况，针对灌区内不同区域的引用水方式以及区域耕作模式和作物，对人民胜利渠进行分区，筛选出影响灌区内地下水水质的主要指标，对灌区内地下水水质的空间发展趋势进行评价。分析灌区内地下水环境变化机理，通过对影响地下水环境的不同系统及因素的分析，构建地下水水质评价体系，遵循评价过程中指标的量化、科学、实用性等原则，结合现有的标准、规范等分别制定灌区内地下水水质评价的基于模糊物元模型和改进熵权属性识别模型的评价指标和评价指标标准，并利用模型进行水质综合评价。

(4) 人民胜利渠灌区地下水水分运移特性研究。利用 Hydrus 软件模拟地表水力活动因子与地下水环境的相互作用过程，阐析灌区内地下水水分传输的机理，揭示农业生产活动对地下水的相互影响机制，为灌区水资源合理利用与优化配置、灌溉模式的制定、运行管理提供决策依据。

(5) 人民胜利渠灌区地下水埋深预测研究。通过对灌区 1993—2012 年 20 年 240 个月的地下水埋深序列进行 EMD 分解，得到 6 个 IMF 分量和 1 个残余分量，在对每个 IMF 分量进行 Hilbert 变换的基础上，确定了建模所需的参数，根据是否考虑 IMF 初相位的情况，建立了两个地下水埋深的预测模型。在对灌区地下水埋深时间序列混沌特性分析的基础上，利用嵌入相空间来确定前期影响因子，结合神经网络，建立基于混沌相空间技术的 BP 网络模型，对人民胜利渠灌区及各分区地下水埋深进行预测。通过降低序列的非平稳性，构建序列分解—重构的预测模型来提高预测精度，将小波分解和 Elman 网络结合构建地下水埋深预测模型。利用互补集合经验模态分解可通过从原信号中提取固有模态函数（IMF），从而分离信号的低频与高频部分，来实现对非平稳化序列的平稳化处理，以及 NAR 神经网络具有较强的自主学习适应能力及泛化能力的优势，构建基于 CEEMD 和 NAR 网络的灌区地下水埋深预测耦合模型。

2 研究区域概况

2.1 引黄灌区发展历程

黄河，干流全长约5464km，水面落差4480m，流域面积79.5万km^2（含内流区面积4.2万km^2）。黄河发源于青海省青藏高原的巴颜喀拉山脉北麓约古宗列盆地的玛曲，呈“几”字形。自西向东分别流经青海、四川、甘肃、宁夏、内蒙古、陕西、山西、河南及山东9个省（自治区），最后在山东垦利流入渤海。从河南郑州桃花峪以下至入海口为黄河下游段，流域面积2.3万km^2，仅占全流域面积的3%，河道长785.6km，落差94m，比降上陡下缓，平均1.11‰。人民胜利渠灌区位于黄河下游段，下游河道横贯华北平原，绝大部分河段靠堤防约束。历史上，该河段河道迁徙变化十分剧烈，是世界上著名的“地上悬河”，也是黄河防洪的重点河段。

引黄灌溉是指引用黄河流域内干流、支流水资源、地下水资源进行农业灌溉。引黄灌溉由来已久，可以追溯至2000多年前的春秋战国时期，那时的沿黄劳动人民就已经开始引用黄河之水进行农业灌溉。在北宋年间引黄灌溉有了雏形，人们引黄河水灌田丰稼，发展农业生产。到了元代，引用黄河水可以灌溉2000多hm^2农田。在民国时期人们也修建了虹吸工程进行引黄灌溉，只是规模比较小，使用的时间也不是太长。中华人民共和国成立前夕，引黄灌溉事业发展缓慢，灌溉面积仅有不足1000万亩。中华人民共和国成立以后，国家大力发展农业生产，引黄灌溉事业得到了重视，开始蓬勃发展。在黄河上游、中游、下游形成的引黄灌区主要有甘肃景泰抽黄灌区、宁夏引黄灌区、内蒙古黄河灌区、山西汾河灌区、陕西关中灌区、黄河下游引黄灌区等。这些灌区的投入运行，保证了黄河流域内农业的高产稳产。引黄灌区的发展经历了初办、大办、停灌、复灌等过程，如今引黄灌溉事业发展迅速，引黄灌溉面积已经由1950年开始发展时的1200万亩增加至1.15亿亩。随着引黄灌区的不断发展，灌区内粮食产量逐年增加，带动了灌区内总体经济水平，灌区内人民生活水平不断提高，引黄灌区已经成为我国重要的粮棉生产基地。

目前，虽然我国在引黄灌溉事业上积累了丰富的经验，但是引黄灌溉过程中所出现的突出问题仍旧不容忽视。灌区出现的水资源配置不均衡、灌区内地下水水位波动较大、地下水水质恶化等问题制约着灌区的发展。对于这些问题需要加大研究力度，认清灌区内现存的与水环境有关的问题，找到问题的根源以及与引黄灌溉之间的发展关系，促进灌区内的农业生产，引导灌区内的水环境保护与改善，形成灌区粮食产量增产，灌区内水环境改善的人与环境统一协调发展的良好体系。

2.2 人民胜利渠灌区

人民胜利渠灌区地处河南省北部，位于东经113°31′～114°25′、北纬35°00′～35°30′，是中华人民共和国成立以来在黄河下游兴建的首个引用黄河水灌溉的大型自流灌区。灌区南邻黄河，北至卫河一带，西界共产主义渠，东沿黄河故道延伸至柳卫、丰庄一带。灌区内总土地面积为1486.84km^2，其中耕地面积148.84万亩，占总面积的66.74%，河道湖塘水域面积10.48万亩，占4.7%，居民城镇占地面积47.02万亩，占21.08%，其他面积为16.68万亩，占7.48%，其中充分灌溉面积88万亩，补给灌溉面积60万亩，设计取水流量60m^3/s。灌区平均坡降1/4000，宽度为5～25km，长度为100km左右。自1952年建成以来，灌区不仅对新乡、焦作、安阳9个县（市、区）47个乡（镇）的148万亩农田进行灌溉，而且还承担着向新乡市供水和必要时向安阳市、天津市送水补源的重任。灌区发展至今，已成为我国主要的粮食主产区之一，经济效益、社会效益和生态效益十分显著，为保障我国粮食安全做出了巨大贡献。

2.2.1 气候气象

人民胜利渠灌区属于我国东部季风区的中纬度地带，属于暖温带大陆性季风气候。灌区所处位置四季分明，春季短暂干旱，且多风沙，夏季炎热多风，雨水较多，秋季凉爽，适于农作物的生长，冬季寒冷干燥，降水稀少。灌区昼夜温差大，多年平均气温 14.2℃，无霜期 210～220d，常年光照比较充足，有利于农作物的生长以及干物质的积累。灌区平均年降雨量为 578mm，年内降雨量分布不均，降雨多集中在夏季的 6—8 月，占全年降雨量的 60%～70%，其他季节降雨稀少，比较干旱，夏秋两季经常出现旱涝交替的现象，多年平均蒸发量为 1864mm。灌区土壤主要以潮土为主，其面积为灌区土壤总面积的 75%左右，风沙土占灌区土壤总面积的 12.5%，盐土占 8%。灌区大部分区域以平原区为主，这些平原区大都是由于黄河冲刷、泛滥、淤积等形成的。部分区域由于决口改道较多，形成了地形复杂的漫滩等地貌。

2.2.2 耕作灌溉模式

在人民胜利渠灌区运行初期，灌区主要以单一的自流灌溉模式为主，随着灌区规模的变大，这种灌溉方式下灌溉用水量浪费巨大、水资源利用效率较低等问题凸显出来。为了适应灌区发展的实际情况，灌溉模式不断变化，以往全灌区内单一的自流灌溉模式被淘汰，多种灌溉模式发展起来，包括提水灌溉、自流灌溉、补源灌溉相结合。自流灌溉主要是借助于水的重力作用，通过引水、输水、配水等设施进行灌溉，灌溉水源比灌溉田地高，灌溉水可以靠重力自流进入灌溉田地。根据灌溉前对泥沙的处理，自流灌溉可以分为浑水灌溉、集中沉沙和分散沉沙灌溉两种。集中沉沙和分散沉沙灌溉主要适用沉沙条件较好、灌溉水源高于耕地的区域。自流灌溉与引水灌溉相结合主要适用于渠道水面与耕地地面落差不大但又高于耕地地面的情况，一般前端为自流灌溉，后面采用提水灌溉。自流灌溉模式主要适用于灌溉河口附近的田地，这是因为引水渠首水头较小，如山东省的曹店灌区。提水灌溉主要是在灌渠的渠首修建泵站，提高水面高程，利用落差结合渠道灌溉。补源灌溉主要适用于距离黄河较远的区域，在这些区域，由于直接引黄河水灌溉难度较大，主要是以开采地下水进行灌溉，但会造成地下水埋深增大，甚至会形成地下水降落漏斗，为了避免这一问题的发生，可以通过修建水利工程，远距离地引用黄河水直接进行灌溉，或用来补源地下水的开采。井渠结合灌溉对引用黄河水不足或地下水不足的区域，有助于提高农田灌溉保证率，便于灌溉管理，有利于防止土壤次生盐碱化并可以避免内涝灾害。

2.2.3 社会经济状况

人民胜利渠灌区的行政区划主要涉及新乡市郊区，新乡市的卫辉市、原阳县、获嘉县、新乡县、延津县，焦作市的武陟县以及安阳市的滑县等，共计 47 个乡（镇），973 个村。受益人口为 265.4 万人，其中，农业人口 165.31 万人，总劳动力为 80.23 万人，全灌区农业总产值为 65.88 亿元，灌区内人均拥有耕地 1.33 亩，年内灌区农民人均收入 5431 元，农业生产力为 70.2 万人。

2.2.4 农业生产状况

作为河南省主要的粮食主产区之一，人民胜利渠灌区的主要任务是承担灌区内农作物的灌溉，促进灌区农业生产。灌区内的主要农作物为小麦、棉花、玉米、水稻、油菜、花生等。灌区实行小麦、玉米、花生、水稻轮作的方式，一年两熟，复种指数1.8，主要作物灌溉定额见表2-1。小麦、玉米、水稻为灌区主要粮食作物，其播种面积为201.07万亩，占全灌区播种面积的89%。自从灌区建成以来，灌区内农业生产取得了巨大的发展，主要农产品社会总量逐年增加。但是灌区内种植模式单一，种植面积分布不均匀，粮食作物播种比重大，经济作物播种比重小，且灌区以农业生产为主，其他如林、牧、渔业发展相对受到限制。

表2-1 主要作物灌溉定额

作　　物	小麦	棉花	玉米	水稻	油菜	花生
灌溉定额/（m^3/亩）	135	70	60	500	70	35

2.2.5 水资源开发利用状况

人民胜利渠灌区自建成以来，先后经历了“兴渠废井”“兴井废渠”“井渠结合”三个阶段。灌区当前的主要引用水方式为井渠结合的方式，灌区地表水直接引用黄河水，地下水的补给也是主要依靠黄河水，也就是间接引用了黄河水，所以，可以说灌区内的水资源引用主要来源于黄河水。据统计，人民胜利渠灌区每年引黄河水量为37822万m^3，使充分灌溉耕地面积达到88万亩，灌溉面积达到148万亩。由于灌区农业生产活动加强，粮食产量不断增加，对水资源的使用量也随之增加，灌区内用水压力较大。

灌区内水资源利用情况如下：

（1）地表水可利用量。由于气候和下垫面条件等方面的原因，灌区内河川径流量较少，并且时空分布不均。降水径流深东南部较高，西北部较低，且由东南向西北呈逐渐减小的趋势，变化幅度为100～25mm，大部分地区为40～80mm，最低降水径流深在河南省徒骇马颊河地区，仅有25.3mm。根据河南省水资源分区的地表径流量，利用面积倍比法进行计算，计算保证率为50%时灌区内地表水资源量为0.97亿m^3，可利用量为0.41亿m^3。

（2）地下水可利用量。灌区内地下水资源量为2.68亿m^3，可开采量为1.84亿m^3。灌区内地下水主要依靠黄河水进行补给，天然降水所形成的径流也对地下水进行补给。虽然地表河流及灌区渗漏等对地下水也进行补给，但是这部分水资源最终也主要来自于黄河水。因此，灌区内引黄灌溉为主的区域地下水资源可开采量比较可观，而以井灌为主的区域地下水资源可开采量就比较少。而从地下水的开采强度和地域上距离黄河的远近来分析，距离黄河近的区域，引用黄河水比较方便，因而水价较低，地下水条件也较好，但地下水资源得不到充分的利用，地下水资源开采程度较低；而距离黄河较远的区域，引用黄河水比较困难，造成引水水价也较高，因此，以地下水资源为主要水源，地下水的开采程度较高，地下水埋深较大，容易形成地下水降落漏斗。

（3）黄河水可引用量。人民胜利渠灌区的黄河水可引用量由河南省政府部门和河务部门，通过综合分析黄河的实际情况决定灌区的引用量，目前人民胜利渠灌区可引用的黄河水总量约为4.0亿m^3。

2.3 灌区地下水存在的主要问题

由于人民胜利渠灌区面积较大，灌区内不同地理位置的水文地质有所不同，气象条件也有所差异，灌区内又无大型河道穿过，所以黄河成为灌区内主要的地下水补给水源，这样就使得距离黄河较近的区域，地下水得到及时补给，加之区域内便于引用黄河水的区域以引黄灌溉为主，几乎不利用地下水进行灌溉，使得区域内地下水水位上升，长期处于浅水位状态，容易使盐碱化土地比例增加。而远离黄河的区域因过度开采地下水资源，使地下水水位下降，得不到补给，造成地面下沉等现象。灌区内企业不断扩张，工业排出的污水以及人们生活产生的污水使地下水水质直接或间接受到污染，严重降低灌区内水质质量。另外灌区内的农业生产活动，例如农药的过量使用、除草剂的大面积使用，使得污染物进入土壤，甚至下渗危害地下水体，造成地下水污染。

3 地下水监测体系

地下水的功能是指地下水的质和量及其在空间和时间上的变化对人类社会和生态环境所产生的作用或效应，具体来说主要包括地下水的资源供给功能、生态环境维持功能和地质环境稳定功能。

人民胜利渠灌区内以农业生产活动为主的环境变化和对外来黄河水的引入灌溉，无疑将对地下水埋藏状态和水量、水质产生影响；同样地下水存在状态的变化也必然对环境造成影响。地下水环境的变化也对灌区内的粮食生产造成一定的影响。健康的地下水环境不仅可以为人类生产、生活用水提供充足的水资源，同时还可以保持合理的水位、水化学组分，维持生态环境、地质环境平衡与稳定，不会造成农作物减产和污染，有利于农作物的丰收。不健康的地下水环境会导致地表生态环境问题的出现，无法满足供水需求，造成粮食减产，不利于人类身体健康，甚至发生地质灾害等。因此，在采取任何可能影响地下水环境系统功能、结构稳定性的行动之前，需要认真地把握地下水系统各种功能之间的互动规律，正确地预测人类活动对地下水环境系统各属性功能的影响，通过采取符合区域水循环演化规律的调控措施，规范人类行为，逐步实现人与自然的和谐发展。

在引黄灌区开展地下水监测，实时准确地掌握地下水变化，探索引黄灌溉对地下水环境的影响，以及地下水环境变化对地表农作物的影响，就需要对灌区进行科学分区，选用适合灌区地下水监测的设备，布置监测网络，搭建科学合理的灌区内地下水水质监测体系。

3.1 监测设备

3.1.1 监测设备及其性能

监测设备主要为意大利 AMS-SYSTEA 公司生产的风光互补地下水污染原位在线观测系统，主要包括数据采集器、水质与营养盐测量探头、服务器及相关软件、风光复合供电系统等。监测设备如图 3-1 所示。

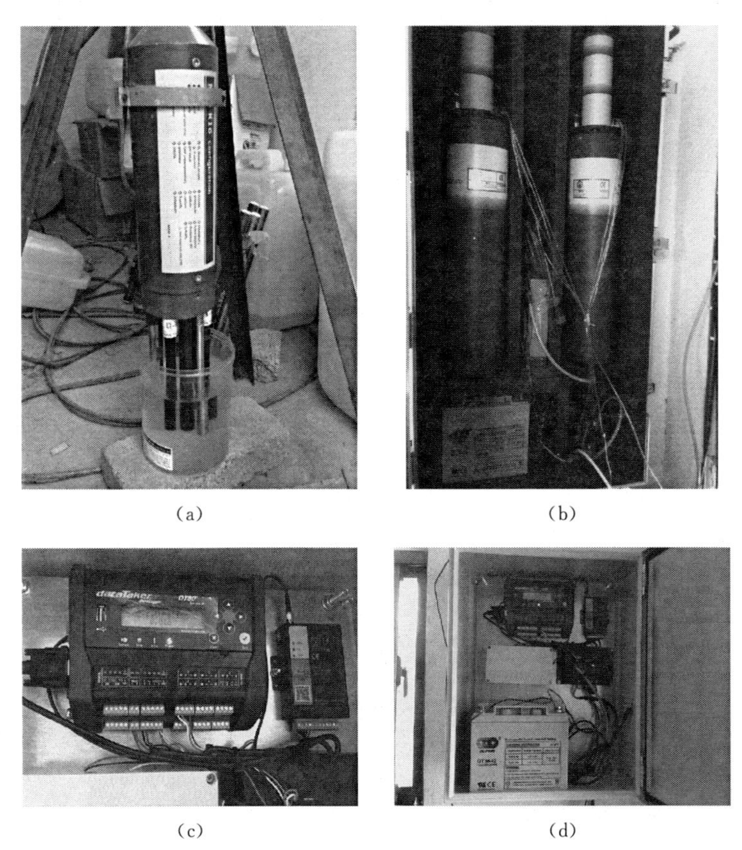

(a) (b)

(c) (d)

图 3-1 监测设备

(1) 数据采集器。数据采集器采用数据推送模式，将记录的数据从野外发送到 ENVIdata 服务器上。这种新设计比传统的用电话猫将数据发送到服务器更稳定、更可靠，费用更低。另外，数据采集器实时将数据通过 GPRS 发送到远程的 ENVIdata 服务器上，用户可在 www.ecodata.cn 网站上查看系统运行状态、下载数据。无论用户在哪里，只要能上网，用户可随时查看测点的数据，同时，ENVIdata服务器也可通过邮件，自动将数据发送到用户指定的邮箱。

（2）水质与营养盐测量探头。营养盐测量探头采用业内公认的分光光度湿化学法进行自动化测量，并结合新进开发应用的荧光法用于氨氮的分析测量。1.5mL的微环流反应器使得试剂及标准液的消耗量降到最低，且试剂易于更换。水质测量探头集多种物理参数和无机离子测量探头为一体，精度高，可靠性强，可常年连续使用，易维护。

（3）服务器及相关软件。系统的ENVIdata服务器及软件允许用户在野外将采集的水位、水质等数据以各种时间间隔发送到网站上。用户只要能上网，即可浏览实时数据。用户也可设置报警条件，超限的数据可通过邮件或短信发给用户。系统还可发送数据报告到用户指定的邮箱里。

（4）风光复合供电系统。风光复合供电系统是将太阳能发电和风能发电有机结合相互补充的一种供电装置，克服了太阳能发电在连续阴雨天气不能正常工作的缺陷，为仪器在野外连续安全运行提供可靠保障。

3.1.2 主要技术指标

（1）ENVIdata系统技术指标：

1）通道：5～15个普通模拟通道，12脉冲通道，12个数字通道。

2）采样：最大采样速度25Hz；最快采样频率：100kHz；有效采样分辨率18位，线性0.01%。

3）18位A/D转换器，精度±0.025%。

4）显示：2行40字符的LCD液晶显示和4个智能按键。

5）U盘下载数据，兼容USB1.1或USB2.0，每兆约90000采集数字点。

6）采样间隔：10ms至天，可自定义。

7）输出值种类：平均值，最大值，最小值，取样值，向量值，累计值等。

8）数据传输：ENVIdata数据传输，网页浏览，分钟至天（自定义）。

9）数据输出：多参数曲线，CSV文件，邮件发送。

（2）风光复合供电系统技术指标：

1）叶片直径：1.15m。

2）重量：5.85kg，运输重量7.7kg。

3）起动风速：3.58m/s。

4）输出电压：12V、24V和48V（直流）。

5）额定输出功率：400W（风速12.5m/s）。

6）风力电机控制器：基于微处理器的可监测峰值功率的智能型内置调压器。

（3）水质与营养盐测量探头参数：

1）营养盐：NH_3、NO_2＋NO_3、NO_2、总氮（TN）、总磷（TP）、PO_4。

NH_3：测量范围0～0.4/1/2/5mg/L，其他范围可定制；精度小于10％。

NO_3＋NO_2：测量范围0～0.5/1/5/10 mg/L，其他范围可定制；精度小于10％。

NO_2：测量范围0～0.1/0.2/0.5 mg/L，其他范围可定制；精度小于10％。

TN：测量范围0～0.5/2/10 mg/L，其他范围可定制；精度小于10％。

2）物理参数：水位、温度、电导率、溶解性总固体（TDS）、pH、浊度（TSS）、氧化还原电位。

水位：测量范围0～20/40/100m，最大200m；精度±0.1％。

温度：测量范围－5～50℃；精度±0.1℃。

电导率：测量范围0～200mS/cm；精度±0.5％。

TDS：测量范围0～200000ppm。

pH：测量范围0～14；精度±0.1。

TSS：测量范围0～1000NTU；精度±0.3NTU（0～10NTU）或±3％（10～1000NTU）。

3）无机离子：氯化物、钠离子、钙离子、钾离子、氟化物等。

氯化物：测量范围1～35000mg/L；精度±2mg/L（＜40mg/L）或±5％（＞40mg/L）。

钠离子：测量范围0.02～20000mg/L；精度±2mg/L（＜40mg/L）或±5％（＞40mg/L）。

钙离子：测量范围0.5～40000mg/L；精度±2mg/L（＜40mg/L）或±5％（＞40mg/L）。

钾离子：测量范围0.4～39000mg/L；精度±2mg/L（＜40mg/L）或±5％（＞40mg/L）。

氟化物：测量范围0.2～20000mg/L；精度±2mg/L（＜40mg/L）或±5％（＞40mg/L）。

本监测设备具有便于安装、自动化程度高、精度高、环保、能够在野外长期自助运行的特点。仪器采用的能源为太阳能和风能，可充分利用野外太阳能和风能。太阳能板将太阳能转化为电能并储存于蓄电池中，为仪器提供能源；借助野外风力大的特点，同时采用风力发电提供电能，保证仪器的正常运行，更适合野外无人自动监测。监测设备电力供应系统如图3－2所示。

仪器的自动监测主要分为seba探头监测和wiz监测两大部分，分别负责不同指标的测定。seba探头如图3－3所示。

图 3-2 监测设备电力供应系统

图 3-3 seba 探头

监测探头工作时要伸入井内地下水水位以下，具体监测位置由不同的监测目的以及监测点处地下水水位的变幅来决定。按照人民胜利渠灌区内的监测点处地下水水位的变化情况，以及监测结果不失监测点处水质的代表性的要求，监测时将监测点定在水面下5～10m处，并充分考虑地下水的分层和井灌期地下水水位的变幅。

监测探头在主站点试运行时，通过对不同标准试液的测定，来率定监测体系中计算机参数转换模型内的参数值，标定自身的参数转换程序。在监测过程中通过观测数据的不合理变动情况，不定期标定探头，率定模型参数，有利于提高监测精度，避免误测和仪器带病运行。

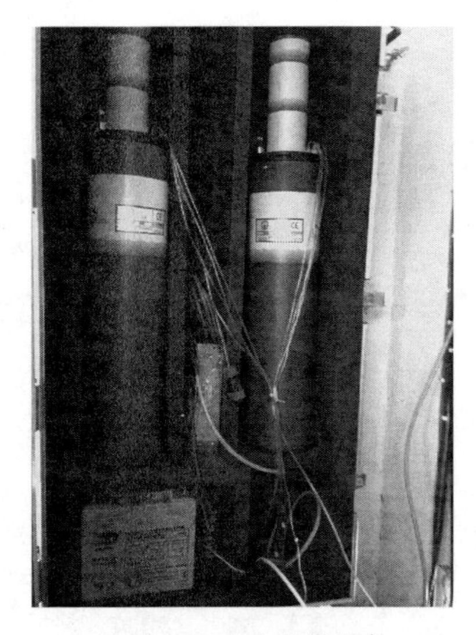

图 3-4 wiz 监测设备

seba 探头主要的监测指标包括传导性、盐度、总溶解浓度、水密度、饱和度、氧化还原电位、氯、钾、钙、氟、钠等，便于仪器正常运行的观测和后期的指标筛选。

wiz 监测设备如图 3-4 所示。wiz 监测模块工作时，不必将其潜入水下，将其特制的细长引水导管伸入地下水面，仪器监测运行时通过蠕动泵抽取少量地下水至反应筒内，通过与仪器内一定量预装配好的标配反应液进行氧化还原反应，最终主要测定 NH_3、NO_3^-、NO_2^-、PO_4^-、NH_4^+ 以及显示电池电压等仪器工作状况，同时将数据自动转换后上传至服务器。

数据处理设备如图 3-5 所示。

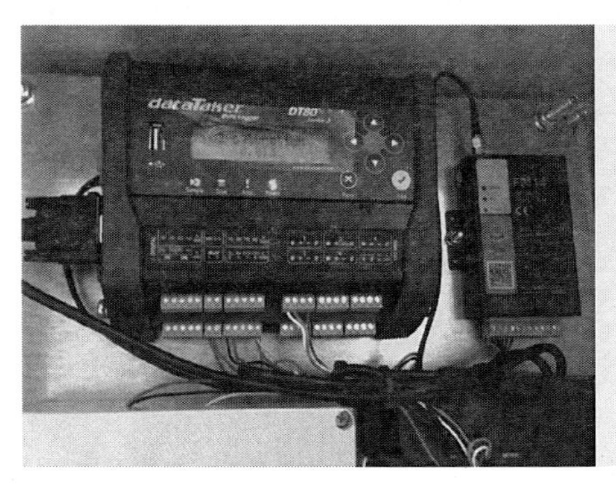
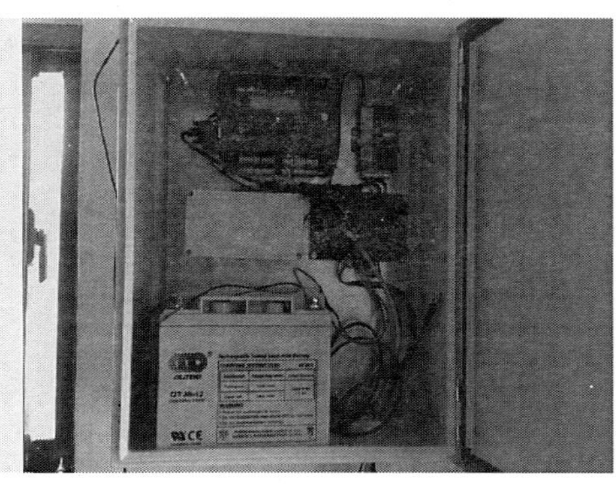

图 3-5　数据处理设备

仪器对数据转换处理后，将数据临时存储在仪器储存设备中，同时通过无线设备自动上传至仪器专用服务器，以便于任意联网 PC 端通过用户名和密码登录服务器实时查看以及下载分析，掌握地下水实时变化动向。同时也可以通过优盘在仪器监测现场下载，而且通过仪器显示器可以看到近期监测结果。

数据的日监测次数可以通过仪器自身的计算代码程序实时调整，每日监测两次，以有利于数据的备用和筛选。

3.2　监测点布置

人民胜利渠灌区面积相对较大，涉及不同的地质条件，而且由于灌区主干渠和支渠的设置有限，不可能完全有利于灌区内所有区域的引水灌溉和综合利用，所以根据不同区域的引黄水量及区域内农作物的种植方式，以及灌区内渠道的综合布局和地下水文地质条件，将灌区进行合理的分区，根据不同分区的特性进行监测井布设，有针对性地解决问题。

3.2.1　灌区单元分区

通过翻阅人民胜利渠灌区相关资料，充分了解灌区内灌渠分布状况以及区域内的地形地貌，以及农业生产活动状况，吸收和借鉴前人对人民胜利渠灌区研究的相关经验。结合灌区内的地貌状况，以及干支渠状况、农业生产活动等，同时考虑同一地貌区域内的农业生产活动和地下水环境特征等对灌区进行划分，划分结果为：古黄河漫滩区，区内上游主要种植水稻，用水量大，离黄河河道较近，将其划分为Ⅰ分区；中游主要以井渠两用为主，中游上半段的地势比较高，地下水埋深相对稍大，划分为Ⅱ分区；下半段的地势相对平缓，地下水埋深也相对较浅，划分为Ⅴ区和Ⅵ区；下游灌溉以井灌为主，渠水补源，划分为Ⅶ区；西部古背河洼地地貌，以渠灌为主，划分为Ⅲ区；东部卫河淤积区地貌，主要为井灌，划分为Ⅳ。具体分区情况如图3-6所示，分区内干渠分布状况如图3-7所示。

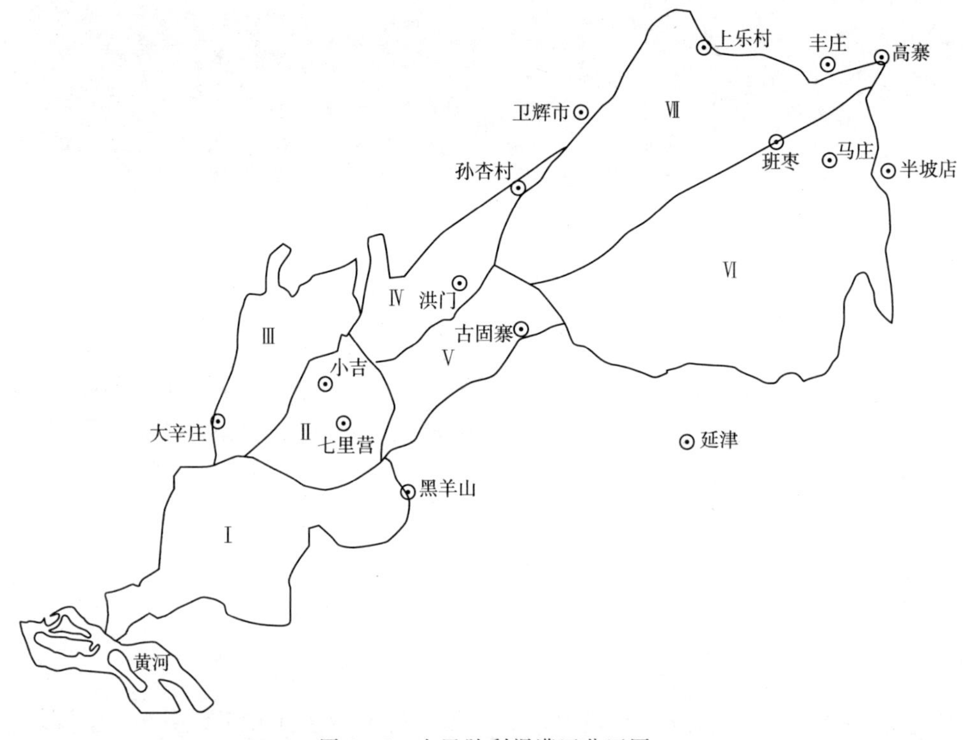

图3-6 人民胜利渠灌区分区图

不同分区内的主要农作物及灌溉方式见表3-1。

表3-1 不同分区内的主要农作物及灌溉方式

分区代号	范围	灌溉方式	主要农作物
Ⅰ	东一干渠上段 西一干渠上段 新磁支渠	渠井两用以渠为主	水稻、小麦 花生、油菜
Ⅱ	东一干渠中段 东一干渠下段 西三干渠	渠井两用以渠为主 纯井灌溉	小麦、棉花 玉米

续表

分区代号	范　围	灌溉方式	主要农作物
Ⅲ	西一干渠中段 西一干渠下段	渠井两用以渠为主 纯井灌溉	水稻、小麦、玉米 棉花、花生、油菜
Ⅳ	东二干渠	纯井灌溉	小麦、玉米 棉花、花生
Ⅴ	东三干渠上段 东三干渠中段	渠井两用 以渠为主	小麦、玉米 棉花、花生
Ⅵ	南分干渠	渠井两用 以渠为主	小麦、玉米、棉花 花生、油菜
Ⅶ	东三干渠下段	以井灌为主 由渠水补源	小麦、玉米、棉花 花生、油菜

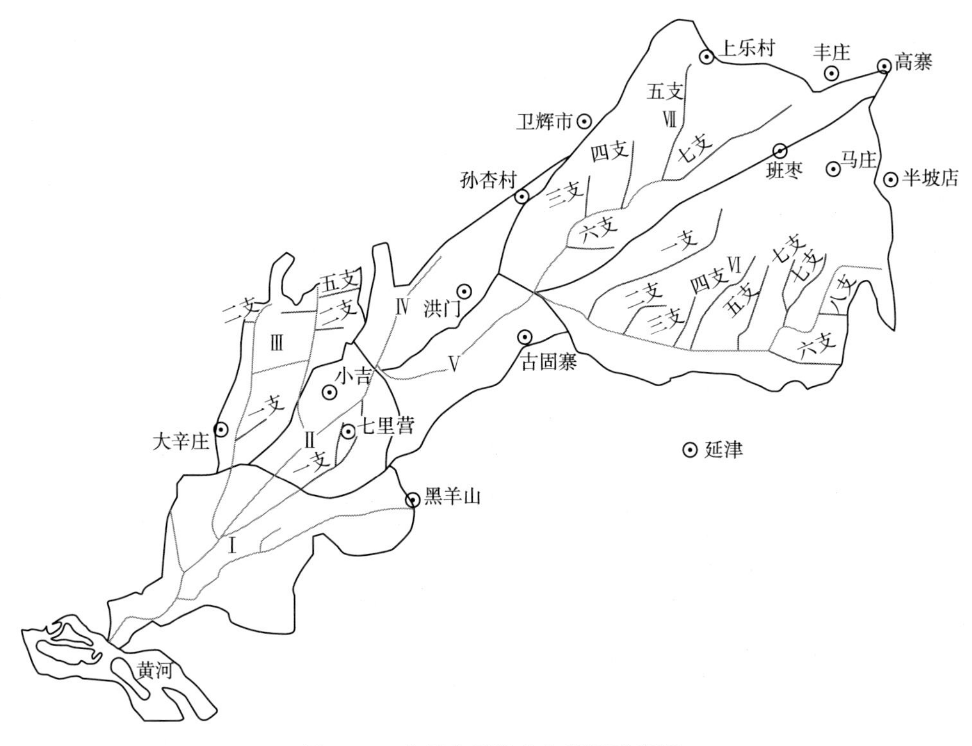

图 3-7　分区内干渠分布状况示意图

3.2.2　布置原则

灌区是一个人类生产活动起主导作用的生态系统。人类农业生产种植的作物种类和比例，以及农业生产过程中对土地资源以及水资源等自然资源的大量开采利用，都对灌区内的生态系统具有较大影响，影响着灌区内生态环境的变化，特别是农业生产对地下水环境的影响较为关键。

人民胜利渠灌区地下水环境具有一般区域水环境的基本特征，包括动态性、相对极限性、不确定性和地下水环境承载力的多样性。地下水资源还存在丰水区、脆弱区、紧缺区、贫水区的地域性以及影响因素模糊性、多层次性的特点。灌区的用水以农业用水为主，其他用水为辅，受农业生产活动影响大。

结合单元分区和灌区内地下水文地质，从全局部署的角度布设监测井点。在每一个单元分区内布设井点时，应将灌区地下水在该分区内流向考虑在内，结合地表耕作方式，以及地表工、农业布局。在地表影响因素较多的区域可考虑在顺地下水流方向和垂直地下水流方向上分别布置井点。充分利用原有监测井，适当增设监测井点，提高监测体系的机动性。

依据以下有关地下水水质污染的注意事项，合理选取井点布置位置：

(1) 应充分考虑污染物在地下含水层中的存在源和汇。

(2) 当污染物进入地下水体后，会随着地下水在含水层中的运动而转移到另一区域。

(3) 水流的动力弥散作用影响污染物在地下水层中的分布，使污染物在地下水体中的扩散范围加大。

(4) 污染物在地下含水层中可能会同与之接触的土壤颗粒及固相发生机械过滤或进行离子交换等，影响污染物在地下水体中的浓度，同时也可能与之发生化学反应，使污染物降解或产生新的污染离子。

(5) 其他作用，如水中所含放射性物质在随水流运动过程中发生衰变，降低浓度。

尽量借用周边其他科研机构（如黄河水利勘测规划设计研究院在研究区的气象站等）或地方气象站设立的监测仪器，构建地下水自动监测体系。

3.2.3 监测点布置

结合人民胜利渠灌区实际情况，根据不同的地形、引用主干渠水或支渠水的情况、耕作方式、耕作作物种类、区域经济发展情况和灌区内对仪器搭建有利条件等，在灌区初步设定 7 个井点，以布置在新乡县周边位于引黄主干渠附近（北纬 35°13′42.35″，东经 113°49′34.74″）的监测仪器和小型气象监测站为主监测站（图 3-8），架设仪器。

在单个分区内进行监测井布置时，井点数据应具有代表性和典型性，在分区中心一定范围内，地理位置偏于分区的中心，对照分区内状况，充分利用分区内有利条件布设监测井点。监测井布置如图 3-9 所示。

图 3-8 主监测站

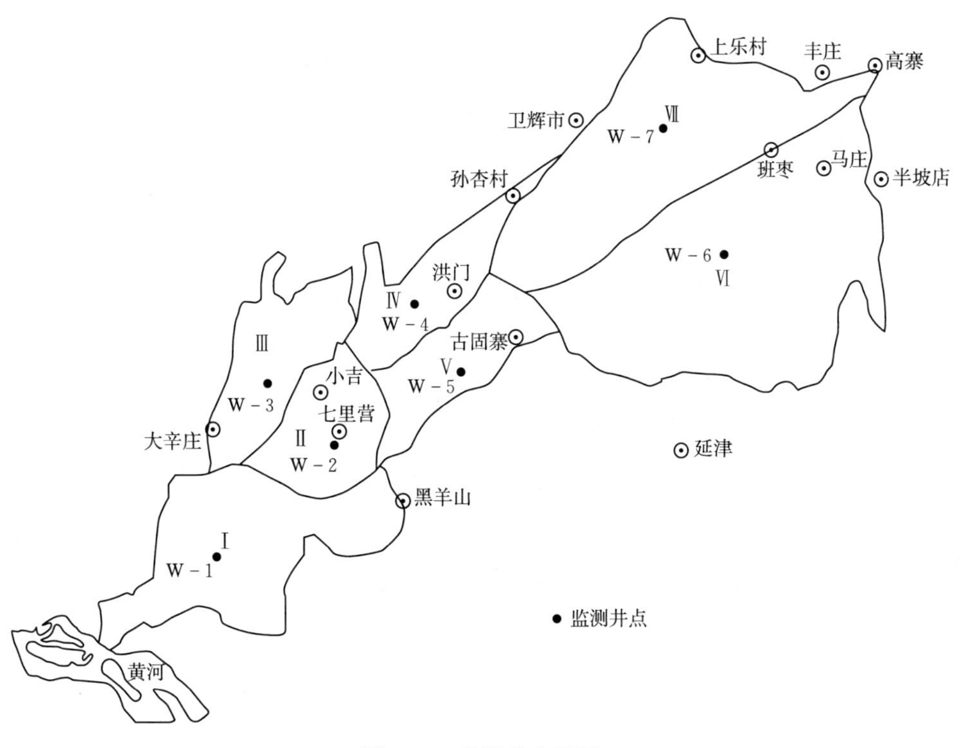

图 3-9 监测井布置图

备用井点的布设以灌区井点总体布局为主，兼顾单元分区，7 个备用井应主要布设在每个分区内。

人民胜利渠灌区为狭长区域，沿主干渠的走向做灌区这一狭长地带的中心轴线，将灌区主体大致分为以轴线为对称轴的两大块，备用井布设方法过程图如图 3－10 所示，布设方法如下：

（1）沿轴线的垂直方向作垂线，将每个单元分区沿垂线方向上近似均分为两块或三块，垂线和轴线及轴线平行线形成网格。由于灌区为狭长区域，分区内的监测井又大致位于分区中心位置周边，所以每个分区内将有一条垂线接近监测井。

（2）备用监测井垂直于轴线方向的位置确定。在垂线方向上根据两个单元分区内监测井在轴线两侧的分布距离，使备用监测井和监测井在垂线上尽量均匀分布。

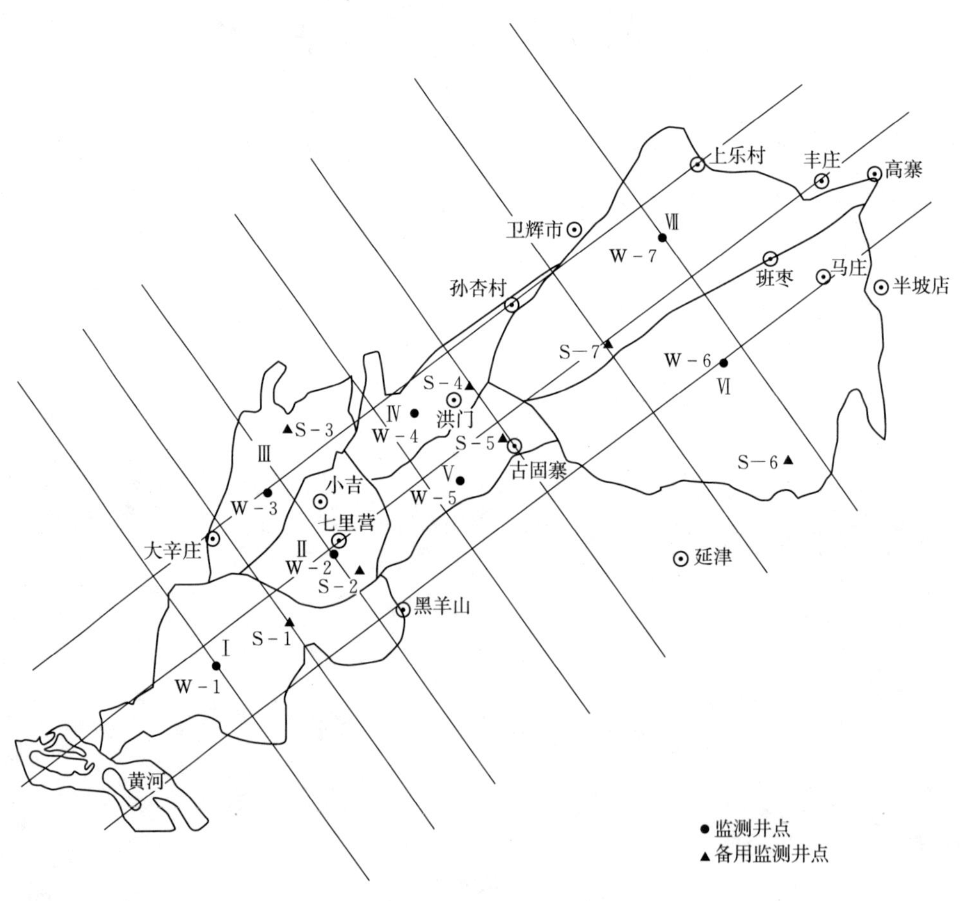

图 3－10　备用井布设方法过程图

(3) 在沿轴线方向上，同样使相邻分区内的监测井和备用井在沿轴线方向上均匀分布，使备用井尽量弥补监测井的监测范围。

图 3－11 所示为所有监测井点的总体布设图，可以看出井点在灌区内的总体分布情况。图 3－12 所示为所有监测井点与分区内干渠相对位置示意图，可以看出监测井点与干渠的相对位置，图中 W－1～W－7 为布设监测仪器的监测井点，S－1～S－7 为备用监测井点。人民胜利渠灌区为狭长区域，从干支渠的上游向下游兼顾监测井点在每个单元分区及灌区内的总体分布，在灌区内布设监测井和备用监测井，从而通过形成合理的监测井点网络来完成监测网络的布设。

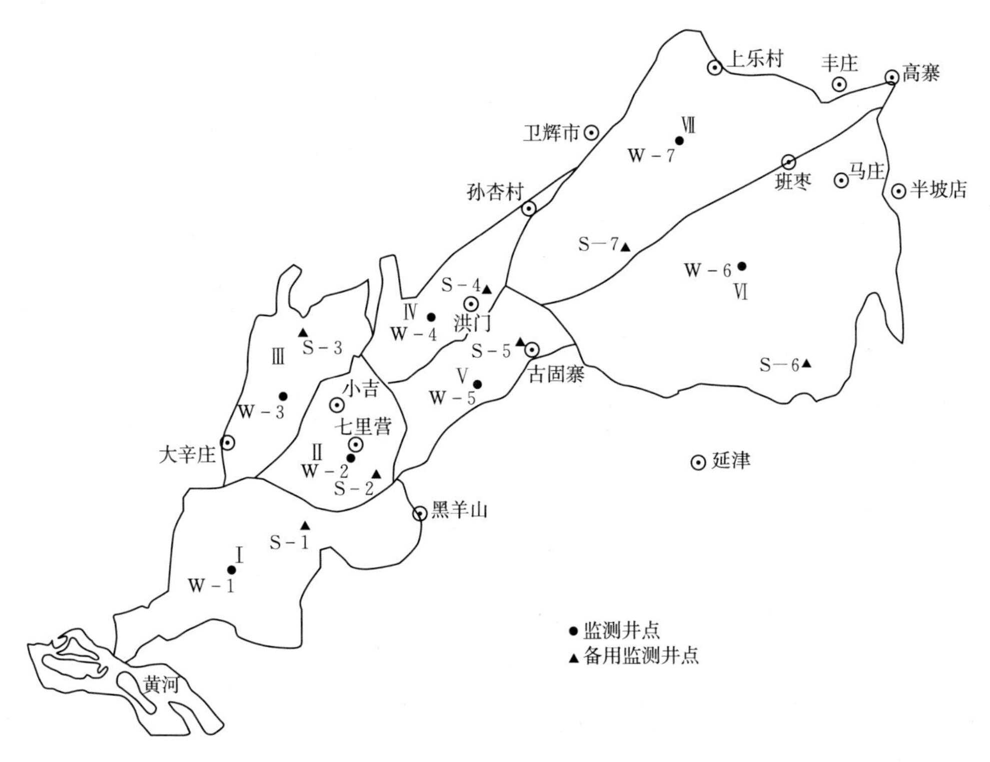

图 3－11 灌区内监测井点总体布设图

监测体系工作运行模式如图 3－13 所示，在每个监测井点架设监测仪器，进行实时动态监测，所有监测井点通过监测数据的无线传输，将数据上传至专用的服务器，实验室人员通过任一联网计算机登录服务器界面，输入用户名和密码，进入网络界面，通过网络界面可以看到仪器的工作状况和已经监测的实时数据，网络界面本身具有简易的趋势分析功能，同时可以将历史监测数据下载进行处理，通过对下载数据运用极值法、趋势分析法、时间序列等数学方法进行简单的预测和分析、比较，利用分析结果进行监测体系的调整和监测点的验证等工作，不断优化监测体系。

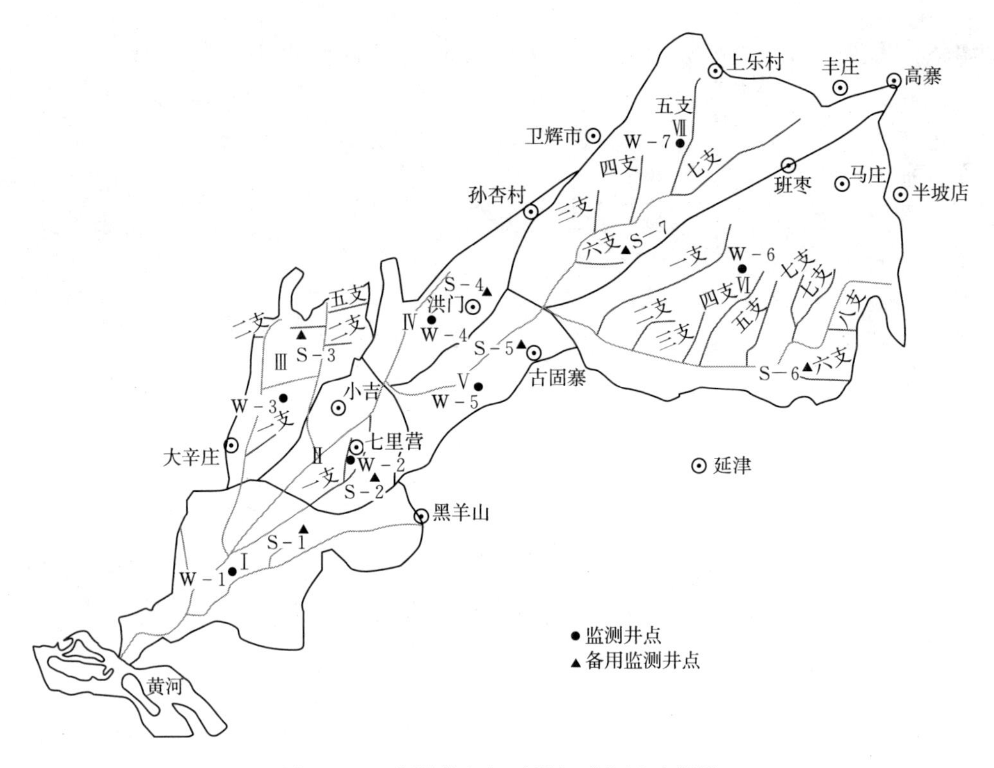

图 3－12　监测井点与干渠相对位置示意图

整理得到人民胜利渠灌区 1993—2013 年 252 个月的地下水埋深资料，已布设的监测井共有 34 个，基本覆盖了整个灌区，且分布较为均匀，具有一定代表性。这些监测井的分布为：Ⅰ分区 3 个，Ⅱ分区 2 个，Ⅲ分区 5 个，Ⅳ分区 5 个，Ⅴ分区 19 个，如图 3－14 所示。

表 3－2 列出了各单元分区内已有地下水埋深监测井的基本情况。

表 3－2　　监测井基本情况

分区代号	监测井号	井口高程/m	地面差/m	监测井所在位置
Ⅰ	34	80.57	0.63	新乡市获嘉县亢村
	12	81.01	0.45	新乡市获嘉县尹寨
	24	82.61	0.20	新乡市获嘉县贺庄
Ⅱ	基Ⅱ03	—	—	新乡市获嘉县沙窝营村
	科 42	—	—	新乡市新乡县聂庄村

续表

分区代号	监测井号	井口高程/m	地面差/m	监测井所在位置
Ⅲ	科 30	—	—	新乡市新乡县李唐马村
	66	75.30	0.25	新乡市新乡县北翟坡村
	75	74.66	0.23	新乡市卫滨区中召村
	55	77.23	0.10	新乡市获嘉县丁村
	47	78.30	0.90	新乡市获嘉县程遇村
Ⅳ	139	72.73	0	新乡市新乡县油房堤村
	166	72.81	0.20	新乡市红旗区刘堤村
	171	75.17	0	新乡市红旗区任庄村
	319	75.31	0.20	新乡市红旗区庄岩村
	318	76.40	0.30	新乡市新乡县于店村
Ⅴ	181	73.31	0.30	新乡市延津县西王堤
	188	71.81	0.15	新乡市延津县常村
	189	72.57	0.10	新乡市延津县刘景屯
	192	71.61	0.30	新乡市延津县汾台
	199	71.81	0.30	新乡市延津县东屯
	201	71.31	0.10	新乡市延津县崔原庄
	195	71.31	0	新乡市卫辉市柳庄
	206	68.31	0.30	新乡市卫辉市李亨屯
	208	69.31	0.25	新乡市卫辉市后河
	210	69.31	0	新乡市卫辉市赵庄
	216	68.81	0.30	新乡市卫辉市牌杨庄
	基Ⅰ21	69.81	0.31	新乡市延津县张村
	177	73.2	0.10	新乡市延津县第五疃
	198	72	0.10	新乡市延津县小屯
	202	70.8	0.40	新乡市延津县后庄里
	204	69.5	0.20	新乡市卫辉市金庄
	基Ⅰ22	71.71	0	新乡市卫辉市秦堤
	187	72.1	0.45	新乡市延津县关屯
	215	68.98	0.40	新乡市卫辉市前李庄

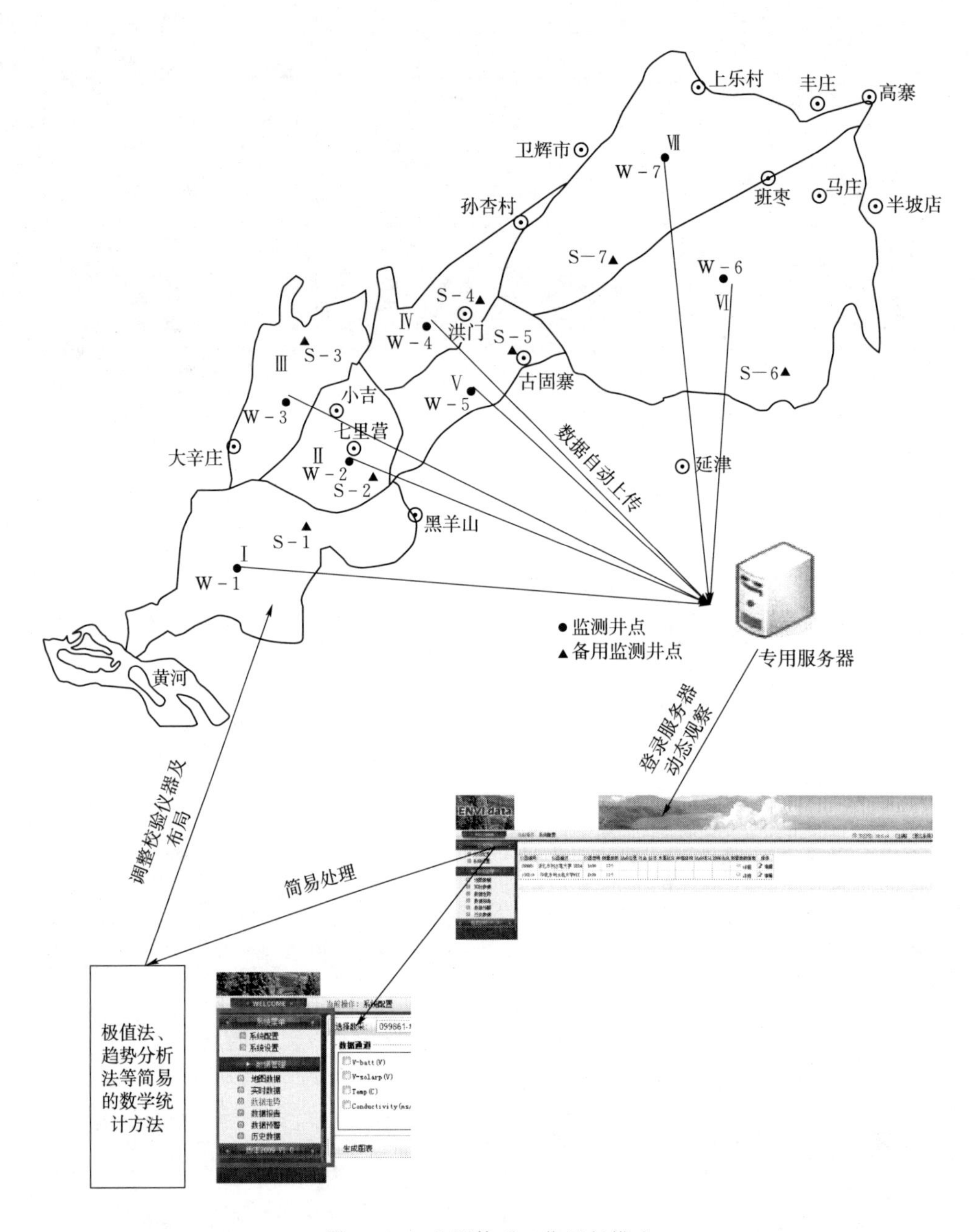

图 3－13　监测体系工作运行模式

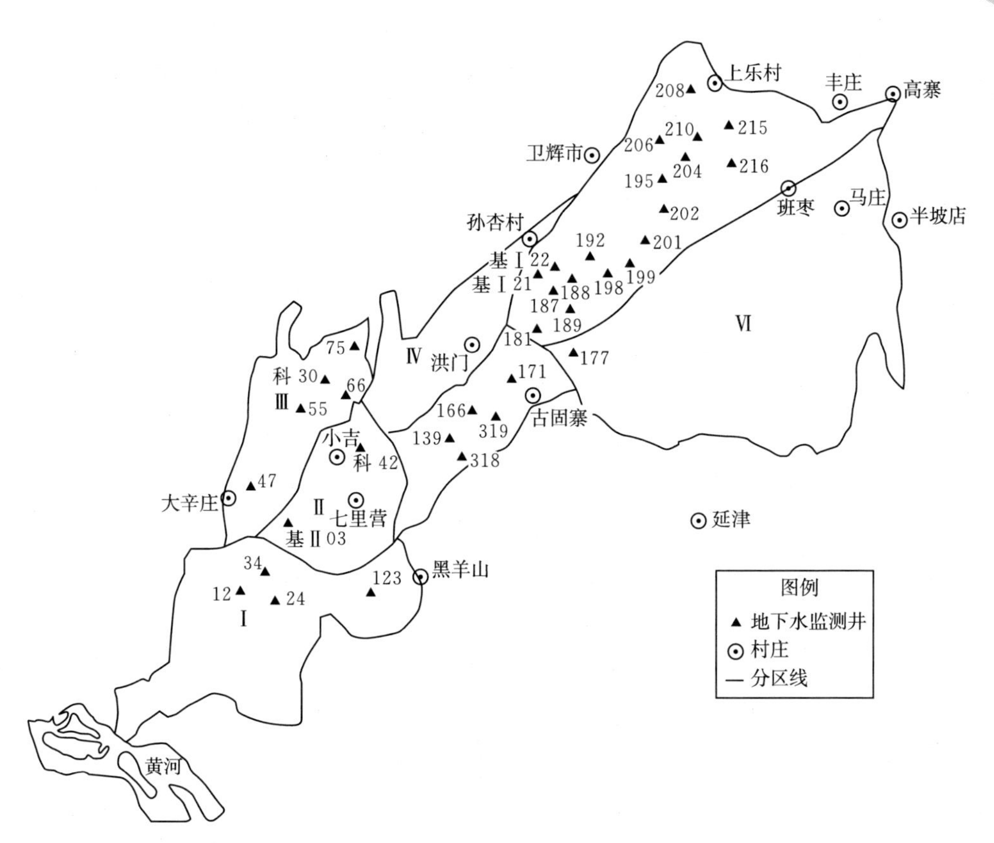

图 3-14　各分区已有监测井分布示意图

4 地下水水位时空变化特征

一般而言，地下水水位随着地下水储存量的增加而上升，反之，则地下水水位下降。地下水动态一般是指在地下水与环境的相互作用下，含水层各要素（水位、水量、水温、水化学特征等）随时间的变化，只有通过一系列长期的观测资料才能反映出来地下水的动态变化。地下水动态是地下水系统受外界影响因素的反映，是人们认识地下水变化趋势、变化幅度以及人类活动对地下水系统影响程度的一个重要手段。掌握地下水动态变化规律可以实现地下水资源管理的系统化，为地下水资源的开发利用提供重要依据。通过对地下水动态进行分析来掌握其变化规律，从而进行地下水的动态预测，并根据预测结果采取有效的控制措施，有助于人们合理有效地配置地下水资源，实现地下水资源的可持续利用。

作为地下水动态最重要的指标，地下水水位有“大地的脉搏”之称。地下水水位动态就是指地下水水位在外界因素的影响下空间上的分布和随时间的变化。地下水水位的动态变化受到多种因素的影响，这些影响因素可以分为自然因素和人为因素，其中，自然因素包括气象、地形地貌、地层岩性和水文等，而人为因素主要是指人工开采、灌溉、排水等。

人民胜利渠灌区水资源主要用于农业耕作，自从1952年灌区建成以来，主要引用黄河水进行灌溉。20世纪70年代至90年代，黄河频频出现断流现象，致使灌区农作物的灌溉得不到保障。黄河管理部门只好统一调水，以定供需。

根据灌区资料分析，灌区内渗入地下的降水量有18%，而渠灌的水量也有35%入渗到地下，这些入渗的水量补给了灌区的地下水，如果将这些水抽出来用于灌溉，便可解决黄河水供给量不足的问题。因此，自20世纪80年代以来，井渠结合成了灌区优化配置水资源的重要手段，井水成了灌区的第二水源。但是近些年来，由于社会经济的发展和当地自然条件的变化，再加上灌区管理体制改革和供水水价调整等各方面原因，致使灌区地下水连年超采。进入21世纪以来，由于地下水的开发利用力度不断加大，再加上降水、人类活动等方面的原因，灌区一些区域出现了地下水资源开发程度不均衡、地下水埋深分布不均匀、次生盐碱化、地下水采补失衡等问题，造成地下水水位大面积持续下降，地下水降落漏斗也在不断扩大，产生了一系列地质灾害，这些问题在不同程度上制约了灌区的发展。科学分析灌区及各分区地下水水位的动态变化特征，掌握其变化规律，可以为今后灌区合理高效利用地下水，防止由于地下水下降引起地质灾害提供理论依据。

4.1 地下水埋深空间分布

使用统计学中的克里格插值法（Kriging）对人民胜利渠灌区地下水埋深空间分布特征进行分析。克里格插值法（Kriging）即空间局部插值法，它是在结构分析与变异函数理论的基础上，在有限研究区域内通过对区域化变量进行无偏最优估计来实现插值。20世纪50年代初，南非矿产工程师D.R.Krige将此方法应用在寻找金矿上，之后，此方法被法国著名统计学家G.Matheron系统化、理论化。

选用Surfer软件中的克里格插值模块，对人民胜利渠灌区1993年、1998年、2003年、2008年和2013年地下水年平均埋深的观测数据进行插值，并叠加至灌区图中，得到灌区地下水埋深空间分布等值线图（图4-1～图4-5）。由图可以直观地看出灌区多年地下水埋深的空间分布特征及变化规律。地下水埋深变化从深黑色向白色过渡，深黑色代表地下水埋深小，白色代表地下水埋深大。

由图4-1～图4-5可以看出人民胜利渠灌区地下水埋深的总体空间分布。1993—2013年这21年间，灌区地下水埋深在逐年增大。灌区内地下水埋深分布极不均匀，呈现出自西南向东北方向逐渐增大的趋势，这是由于灌区西南部临近黄河，引用黄河水比较方便，此区域内多以渠灌为主，同时地下水资源也可以得到及时的补给，故地下水埋深较小。同时灌区地下水埋深又呈现出中间大，四周小的特征，这是由于灌区中部靠西的区域地势较高，排水较好，且离黄河

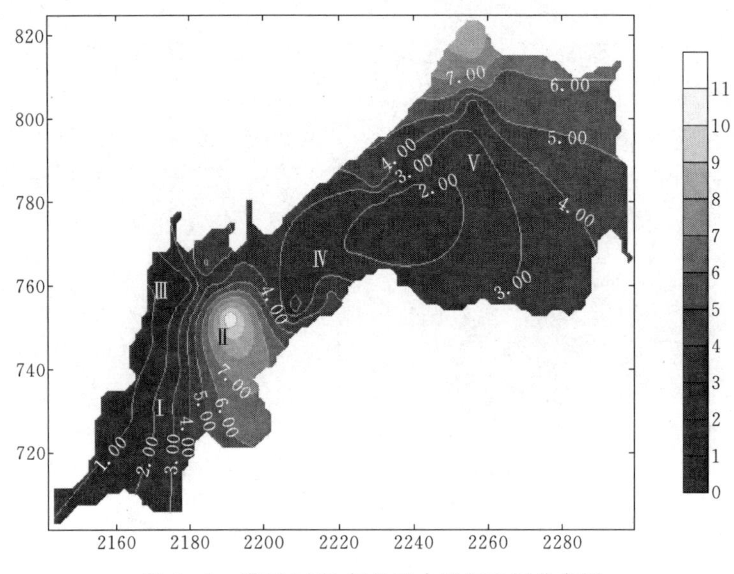

图 4-1 灌区 1993 年地下水埋深空间分布图

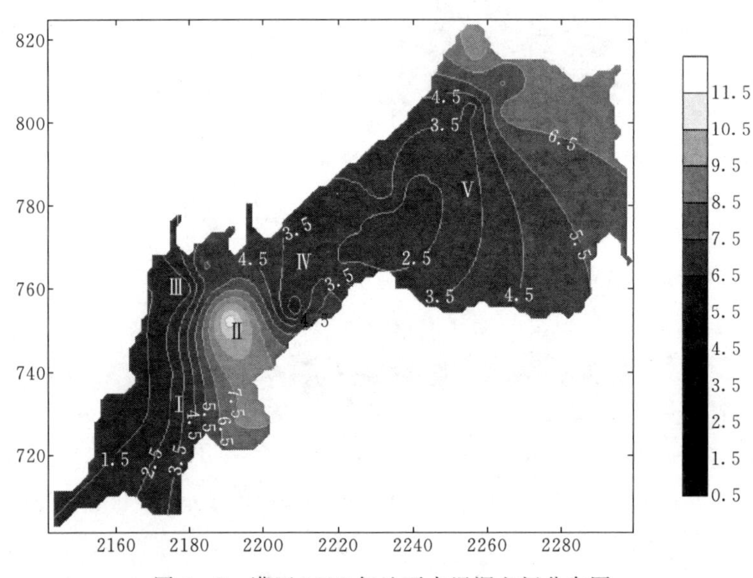

图 4-2 灌区 1998 年地下水埋深空间分布图

较远，可以引用黄河水的区域以井渠结合的方式进行灌溉，而引用不到黄河水的区域则主要是以井灌为主，对地下水资源的开发利用程度较大，所以中部靠西的区域地下水埋深较其他区域大，形成了地下水降落漏斗。

灌区内各分区地下水埋深空间分布特征：Ⅰ分区地下水埋深逐年增大，东部地区地下水埋深下降较快。该区域位于灌区西南部，属于古黄河漫滩区上游

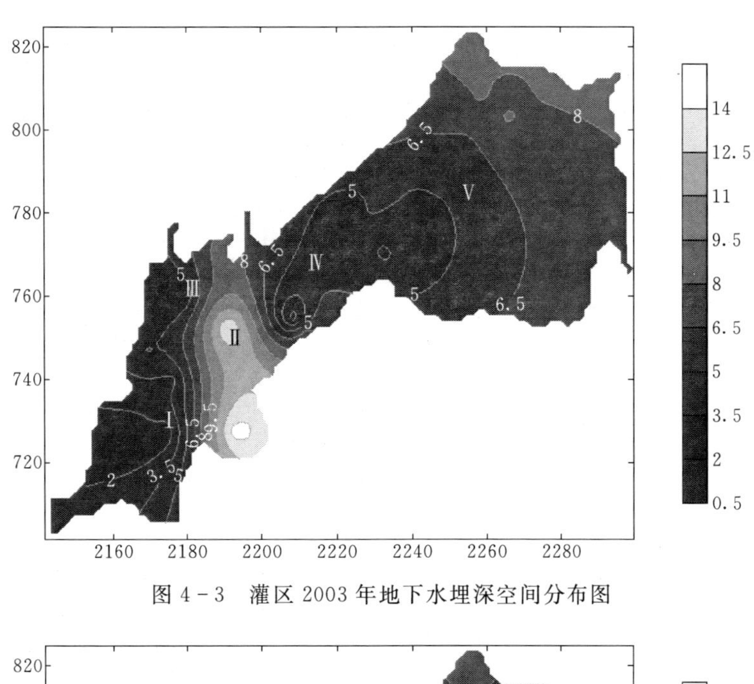

图 4-3　灌区 2003 年地下水埋深空间分布图

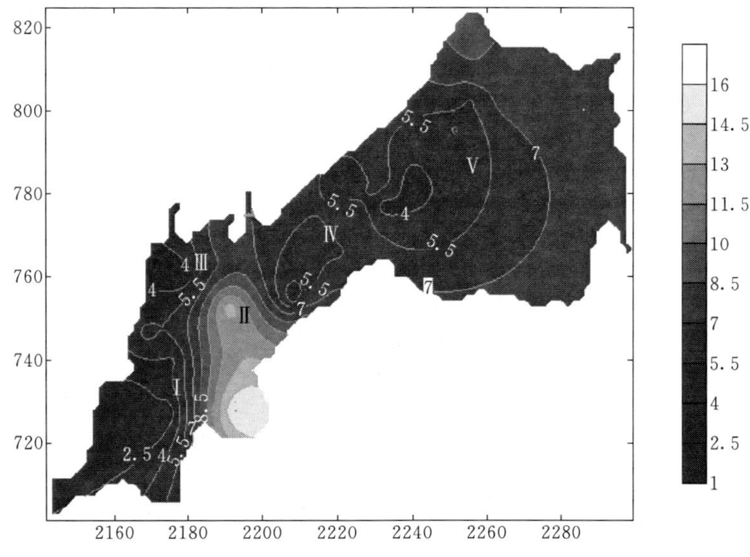

图 4-4　灌区 2008 年地下水埋深空间分布图

段，临近黄河，地下水资源可以得到及时的补充，较为丰富，地下水埋深较小，分布特征为靠近黄河的较大，远离黄河的较小，即由西向东逐渐增大。分区内灌溉方式为渠井两用以渠为主，区内主要种植水稻，需水量较大，远离黄河的东部地区引黄水量较小，使用地下水补充灌溉，地下水埋深较大，2008 年夏庄附近的地下水埋深甚至达到 16.05m，形成了地下水降落漏斗。Ⅱ分区位于黄河

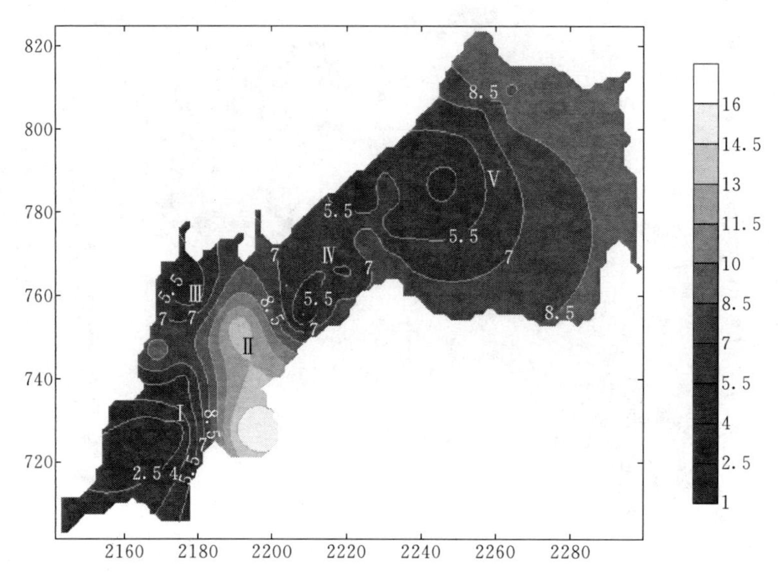

图 4-5　灌区 2013 年地下水埋深空间分布图

漫滩区中游段，分区地下水埋深逐年增大。分区地势较高，排水较好，分区内地下水埋深中间大、四周小，形成以聂庄为中心的地下水降落漏斗。Ⅲ分区位于灌区西部，属于古背河洼地地貌，地下水埋深逐年增大，分区内地下水埋深由西向东逐渐增大。Ⅳ分区地下水埋深在 1998 年之前逐年增大，1998 年以后基本变化不大，由西向东逐渐增大。Ⅴ分区位于灌区东部，属卫河淤积区地貌，地势平缓，地下水埋深较浅，2003 年以前地下水埋深逐年增大，2003 年以后有所回升，基本稳定，由南向北逐渐增大。

表 4-1　　灌区各年地下水埋深情况

年份	平均埋深/m	最大埋深/m	最大埋深位置
1993	3.62	11.12	Ⅱ分区聂庄
1998	3.84	11.34	Ⅱ分区聂庄
2003	5.85	14.60	Ⅰ分区夏庄
2008	5.90	16.18	Ⅰ分区夏庄
2013	6.50	16.05	Ⅰ分区夏庄

灌区各年地下水埋深分布特征（表 4-1）：1993—1998 年，灌区内地下水埋深总体处于下降趋势，灌区东部地下水埋深大于 3m 的区域明显增大，中西部地区地下水漏斗中心埋深下降，面积有所扩大，灌区地下水埋深呈现区域性增加。1998—2003 年，灌区地下水埋深继续下降，东部地区下降较为缓慢，中部地区

基本不变，地下水降落漏斗继续扩大，在灌区南部地区又形成一个埋深较大的地下水降落漏斗。2003—2008年灌区地下水埋深呈现两极分化的趋势，灌区西部地下水埋深基本不变，某些区域有所回升，而东部地区两个地下水漏斗扩展迅速，地下水埋深下降较快。2008—2013年，灌区地下水埋深变化基本不大，趋于稳定。

4.2 地下水埋深时间变化

4.2.1 年际变化

自1952年开灌以来，开灌初期，灌区粮食产量逐年提高，但地下水埋深也在逐年减小，这是由于当时灌区排水系统不够完善造成的。到1957年年底，灌区地下水平均埋深由3m减少到1.8m。之后，灌区采取大引、大蓄、大灌的方针，导致灌区的地下水状况日益恶化。灌区要求地下水临界深度为2m，然而在1961年灌区地下水平均埋深减小到了1.4m。地下水水位的居高不下，产生了土壤次生盐碱化的现象，盐碱地面积不断扩大，粮食产量也逐年下降。1962—1964年，灌区大搞治碱工程，并实行控制性灌溉，灌区地下埋深开始逐年增大。1964年井渠结合的灌溉方式在灌区推行，灌区地下水埋深迅速增大。表4-2列出了灌区1993—2013年地下水多年平均埋深的数据。图4-6～图4-11分别是灌区和各分区地下水多年平均埋深变化曲线。

表4-2　人民胜利渠灌区1993—2013年地下水多年平均埋深值

年份	地下水多年平均埋深/m	年份	地下水多年平均埋深/m
1993	3.2	2004	4.77
1994	3.5	2005	4.38
1995	3.32	2006	4.27
1996	3.19	2007	5.92
1997	4.72	2008	4.4
1998	3.3	2009	4.12
1999	3.38	2010	4.69
2000	3.57	2011	4.97
2001	3.62	2012	5.92
2002	4.47	2013	6.67
2003	4.79		

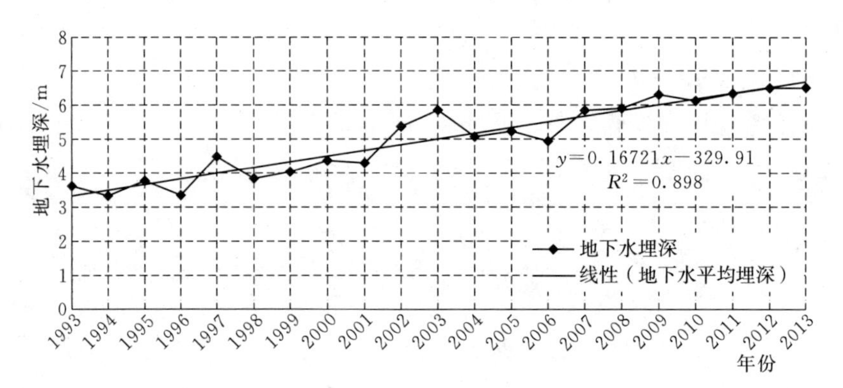

图 4-6 灌区地下水多年平均埋深变化曲线

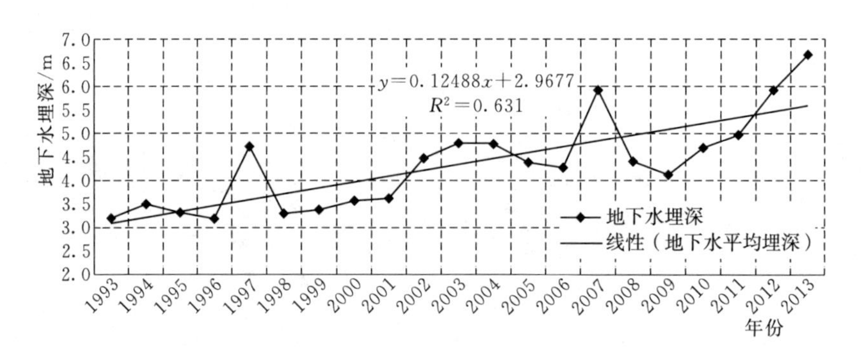

图 4-7 Ⅰ分区地下水多年平均埋深变化曲线

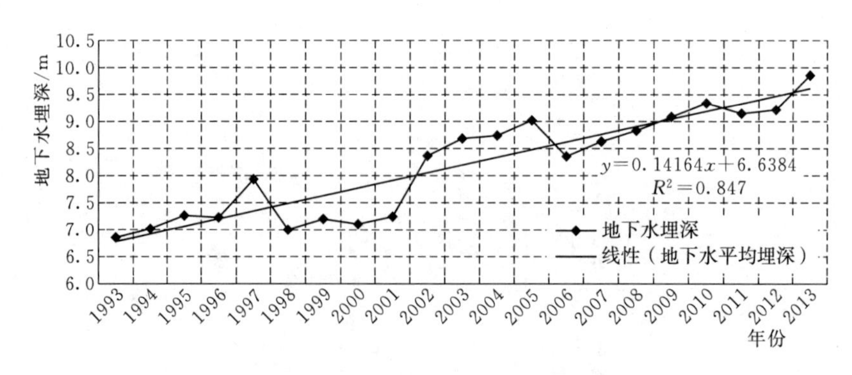

图 4-8 Ⅱ分区地下水多年平均埋深变化曲线

总体来看，灌区和各分区的多年平均地下水埋深都在逐年增大，表 4-3 为灌区及各分区地下水多年平均埋深年均增大速率。

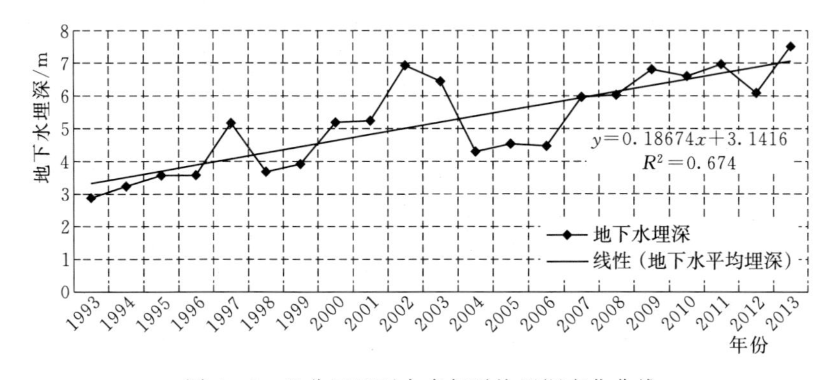

图 4-9 Ⅲ分区地下水多年平均埋深变化曲线

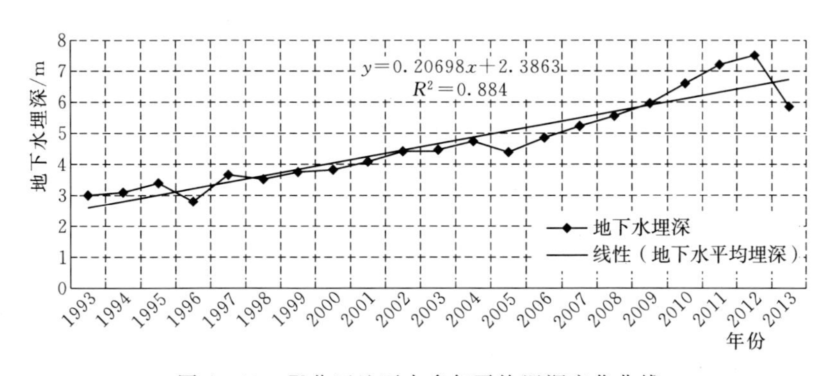

图 4-10 Ⅳ分区地下水多年平均埋深变化曲线

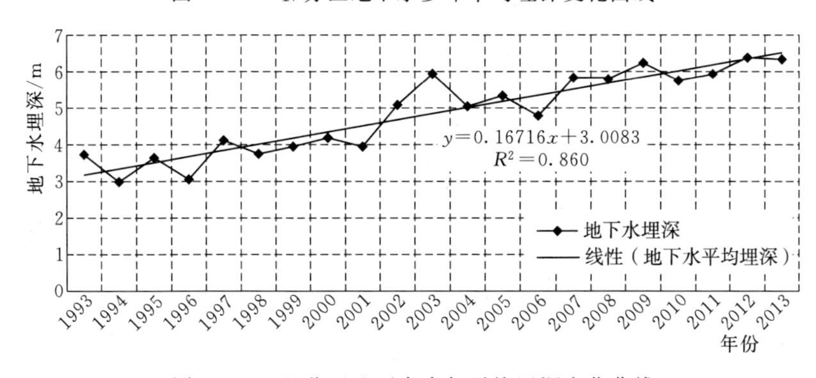

图 4-11 Ⅴ分区地下水多年平均埋深变化曲线

表 4-3 灌区及各分区地下水多年平均埋深年均增大速率 单位：m/a

分区代号	1993—1998 年	1998—2003 年	2003—2008 年	2008—2013 年
灌区	0.040	0.402	0.010	0.120
Ⅰ	0.020	0.298	−0.078	0.454
Ⅱ	0.029	0.337	0.029	0.210

续表

分区代号	1993—1998 年	1998—2003 年	2003—2008 年	2008—2013 年
Ⅲ	0.160	0.552	−0.084	0.3
Ⅳ	0.104	0.189	0.218	0.06
Ⅴ	0.004	0.438	−0.030	0.109

由图 4-6 和表 4-3 可以看出整个灌区地下水埋深多年变化的趋势。由图 4-6 可以看出灌区地下水埋深曲线与拟合趋势线的决定系数为 0.898，拟合程度较好，由趋势线可以看出，灌区 1993—2013 年地下水埋深总体呈增大趋势，平均增大速率为 0.167m/a，最大增幅达到了 0.9m。1993—1998 年，灌区地下水埋深波动变化整体呈增大趋势，但增大幅度较小，平均增大速率为 0.04m/a；1998—2003 年，灌区地下水埋深增大趋势十分明显，平均增大速率达到了 0.402m/a，埋深由 1998 年的 3.84m 迅速增大到了 2003 年的 5.85m；2003—2008 年，灌区地下水埋深虽然略有增大，但基本变化不大，平均增大速率仅为 0.1m/a；2008—2013 年，灌区地下水埋深基本保持在 6m 左右，虽整体增大，但增幅不大。

由图 4-7 和表 4-3 可以看出Ⅰ分区地下水埋深多年变化的趋势。由图 4-7 可以看出灌区地下水埋深曲线与拟合趋势线的决定系数为 0.631，拟合程度一般，由趋势线可以看出，分区 1993—2013 年地下水埋深总体呈增大趋势，且波动较大，平均增大速率为 0.125m/a，最大增幅达到了 1.65m。1993—1998 年，分区地下水整体增大，虽然平均增大速率仅为 0.02m/a，但是 1996—1998 年分区地下水埋深先急剧增大又急剧减小，波动十分剧烈；1998—2003 年，灌区地下水埋深增大趋势十分明显，平均增大速率达到了 0.298m/a；2003—2008 年，灌区地下水埋深整体呈减小的趋势，平均减小速率为 0.078m/a，2006—2008 年分区地下水埋深由 4.27m 迅速增大至 5.92m，增大了 1.65m，随后到 2008 年又减小到 4.4m，变化比较剧烈；2008—2013 年，分区地下水埋深明显剧烈增大，平均增大速率达到了 0.454m/a。

由图 4-8 和表 4-3 可以看出Ⅱ分区地下水埋深多年变化的趋势。由图 4-8 可以看出灌区地下水埋深曲线与拟合趋势线的决定系数为 0.847，拟合程度较好，由趋势线可以看出，1993—2013 年除个别年份地下水埋深有所减小，基本都在平稳增大，平均增大速率为 0.142m/a，最大增大幅度达到了 1.12m。1993－1998 年，分区地下水埋深平稳增大，平均增大速率为 0.029m/a，1997—1998 年，地下水埋深骤然减小；1998—2003 年，分区地下水埋深由 1998 年的 7m 迅速增大到了 2003 年的 8.69m，增大趋势十分明显，增幅较大，平均增大速率达到了 0.337m/a；2003—2008 年，分区地下水埋深虽然略有增大，但基本变化不大，平均增大速率仅为0.029m/a；2008—2013年，灌区地下水埋深持续增大，平均增大速率0.21m/a。

由图4-9和表4-3可以看出Ⅲ分区地下水埋深多年变化的趋势。由图4-9可以看出灌区地下水埋深曲线与拟合趋势线的决定系数为0.674，拟合程度一般，由趋势线可以看出，1993—2013年分区地下水埋深骤然增大和骤然减小的现象较为普遍，波动十分剧烈，总体呈增大趋势，增幅较大，平均增大速率为0.187m/a，最大增大幅度达到了1.68m。1993—1998年，分区地下水埋深平稳，增大幅度较小，平均增大速率为0.16m/a，1996—1998年分区地下水埋深经历了先急剧增大又急剧减小；1998—2003年，分区地下水埋深增大趋势十分明显，增幅很大，平均增大速率达到了0.552m/a，埋深由1998年的3.68m迅速增大到了2003年的6.44m，增大了2.76m；2003—2008年，分区地下水埋深略有减小，平均减小速率为0.084m/a，仅2003—2004年一年就减小了2.14m；2008—2013年，分区地下水埋深平稳增大，平均增大速率为0.3m/a。

由图4-10和表4-3可以看出Ⅳ区地下水埋深多年变化的趋势。由图4-10可以看出灌区地下水埋深曲线与拟合趋势线的决定系数为0.884，拟合程度较好，由趋势线可以看出，1993—2013年除个别年份（1996年、2005年、2013年）地下水埋深有所减小外，分区地下水埋深明显呈增大趋势，增大较为平稳，平均增大速率为0.207m/a，最大增大幅度达到了0.86m。1993—1998年，分区地下水埋深平稳增大，增大幅度较小，平均增大速率为0.104m/a；1998—2003年，分区地下水埋深持续增大，增幅较小，平均增大速率0.189m/a；2003—2008年，分区地下水埋深平稳增大，平均增大速率为0.218m/a；2008—2013年，分区地下水埋深剧烈增大，增幅较大，但是平均增大速率仅为0.06m/a，这是由于2013年分区地下水埋深急剧减小了1.65m。

由图4-11和表4-3可以看出Ⅴ分区地下水埋深多年变化的趋势。由图4-11可以看出灌区地下水埋深曲线与拟合趋势线的决定系数为0.860，拟合程度较好，由趋势线可以看出，分区1993—2013年地下水埋深总体呈增大趋势，平均增大速率为0.167m/a，最大增大幅度达到了1.14m。1993—1998年，分区地下水埋深波动变化，整体呈增大趋势，但增大幅度较小，平均增大速率仅为0.004m/a；1998—2003年，分区地下水埋深增大趋势十分明显，平均增大速率达到了0.438m/a，埋深由1998年的3.75m迅速增大到了2003年的5.94m；2003—2008年，分区地下水埋深虽然略有减小，平均减小速率为0.03m/a；2008—2013年，分区地下水埋深波动变化，基本稳定在6m左右，虽整体增大，但增幅不大，平均增大速率为0.109m/a。

由以上描述可以分析灌区和各分区地下水多年埋深变化的规律。1993—

2013 年整个灌区和各分区地下水埋深基本呈增大趋势，其中 1993—1998 年和 2008—2013 年平稳增大，增幅较小，1998—2003 年剧烈增大，平均增大速率较大，2003—2008 年基本变化不大，甚至有所减小。

4.2.2 年内变化

人民胜利渠灌区地下水埋深受到灌区补水、降水、蒸发等自然因素的影响，年内季节性变化比较明显。图 4－12、图 4－13 分别为灌区 2003 年、2013 年的地下水埋深年内变化曲线，图 4－14、图 4－15 分别为各分区 2003 年、2013 年的地下水埋深年内变化曲线。

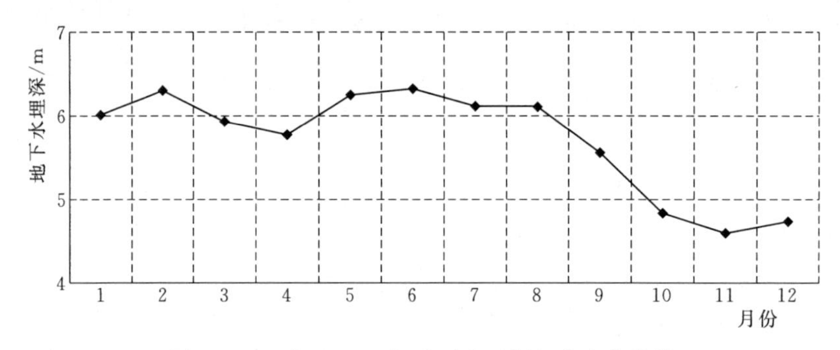

图 4－12 灌区 2003 年地下水埋深年内变化曲线

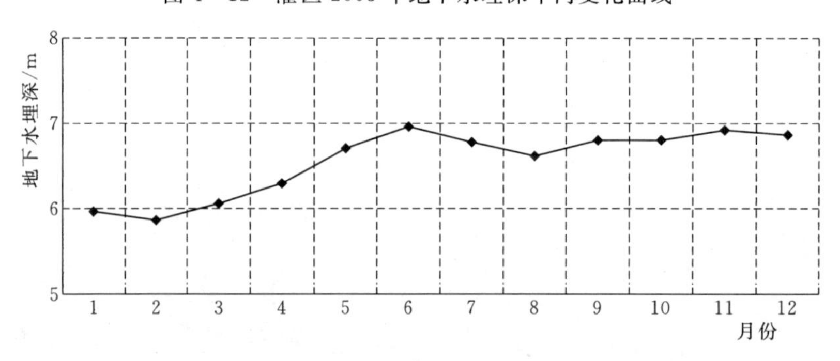

图 4－13 灌区 2013 年地下水埋深年内变化曲线

由图 4－12～图 4－15 可以看出灌区和各分区地下水埋深年内变化趋势基本一致，在一个观测年周期内地下水埋深呈波动性变化，每年 1—3 月，由于农业灌溉用水量较少，地下水埋深变化不大；4 月以来灌区开始灌溉，处于农业用水的旺季，地下水开采量大幅度增加，灌区地下水埋深迅速增大，增大速率随作物灌水量而增加，地下水埋深在 6 月达到了最大；由于灌区全年 70％～80％的降雨量集中在夏季的 6—8 月，这段期间由于降雨量的补给，地下水水位开始回升，地下水埋深减小，且在 8 月达到最小；9 月以后作物灌水量减小，灌溉基本结束，地下水开采量减小，地下水补充大于开采量，埋深逐渐缓慢回升。

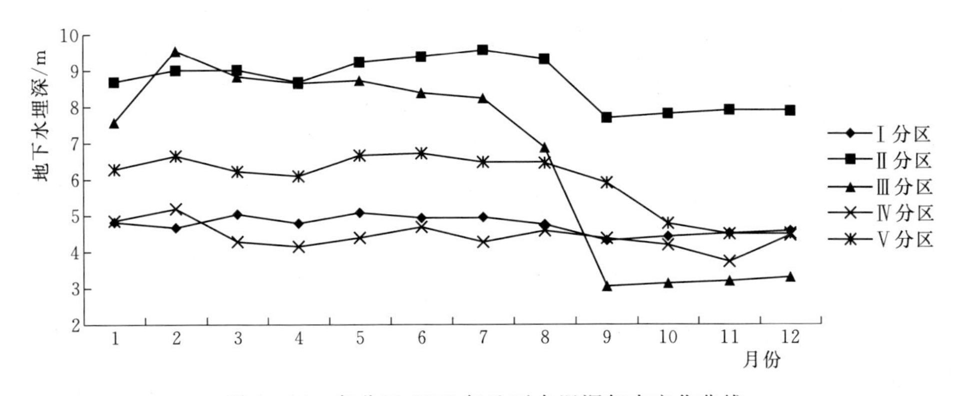

图 4-14 各分区 2003 年地下水埋深年内变化曲线

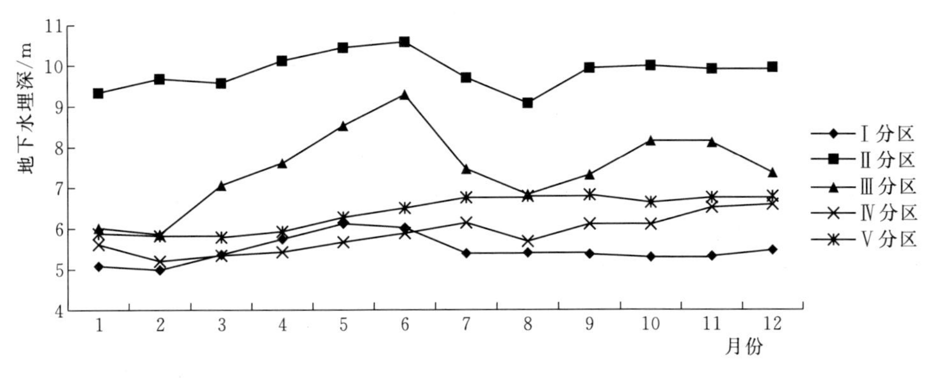

图 4-15 各分区 2013 年地下水埋深年内变化曲线

4.2.3 小结

对人民胜利渠灌区进行了区域单元划分，将灌区依据灌溉模式与位置等分为了 5 个分区。根据各观测井所观测的历史埋深数据，选用 Surfer 软件，利用克里格插值的方法，对人民胜利渠灌区 1993 年、1998 年、2003 年、2008 年和 2013 年地下水年平均埋深的观测数据进行插值，并叠加至灌区区域图中，得到了能够直观反映灌区地下水埋深空间分布特征和变化规律的等值线图，并详细分析了灌区及各分区地下水平均埋深的空间变化规律：灌区地下水埋深呈现中间大四周小，且由西向东逐渐增大的趋势。根据灌区及各分区地下水年平均埋深的观测数据，绘制出灌区及各分区地下水埋深的年际变化曲线，并得到灌区及各分区的年际变化速率，详细分析了灌区及各分区地下水埋深多年变化特征。1993—2013 年，整个灌区和各分区地下水埋深基本呈增大趋势，其中 1993—1998 年和 2008—2013 年平稳增大，增幅较小，1998—2003 年剧烈增大，平均增大速率较大，2003—2008 年基本变化不大，甚至有所减小。选取 2003 年及

2013年灌区及各分区年内各月地下水埋深观测数据进行分析，绘制出灌区及各分区地下水埋深年内变化曲线，根据所绘制的曲线，得到灌区及各分区年内变化特征：灌区及各分区地下水埋深年内变化趋势基本一致，在一个观测年周期内地下水埋深呈波动性变化，每年1—3月，地下水埋深变化不大；4月以来灌区地下水埋深迅速增大且在6月达到了最大；6—8月地下水水位开始回升，地下水埋深减小，且在8月达到最小；9月以后地下水埋深逐渐缓慢回升。

4.3 地下水埋深演变特征

趋势表示稳定而有规律的发展动向，反映地下水埋深在长期变化中的总体规律；周期是地下水埋深序列做循环往复的运动；而突变表示序列在某时刻发生的变化，根据突变发生的次数、时刻以及变化程度来揭示序列的本质。通过对人民胜利渠灌区多年地下水埋深时间序列进行趋势性、周期性及突变性分析，可以揭示灌区地下水埋深演变的特征，为今后灌区地下水的合理利用提供依据。

4.3.1 趋势性分析

对水文时间序列趋势的研究中，许多传统的参数方法被应用其中，而对与非参数检验（也称无分布检验）的应用，具有明显的优越性。通过采用秩相关法可以定量分析人民胜利渠灌区地下水埋深变化趋势，并且可以应用趋势系数法对分析结果进行验证比较。

4.3.1.1 趋势系数法

地下水埋深序列的变化趋势是指地下水埋深序列的数值随着时间的变化而表现出来的增减状态。时间的变化是持续增加的，可以看作是一个自然数列1，2,…,n。n年的地下水埋深时间序列与自然数序列是相关的，相关性越显著，表示增减的趋势越明显。

地下水埋深时间序列和自然数序列的相关系数计算如下：

$$r_{xt} = \frac{\sum_{i=1}^{n}(x_i - \bar{x})(i - \bar{t})}{\left[\sum_{i=1}^{n}(x_i - \bar{x})^2 \sum_{i=1}^{n}(i - t)^2\right]^{1/2}} \tag{4-1}$$

其中

$$\bar{t} = (n+1)/2$$

式中：n为年份序号；x_i是第i年的地下水埋深数据；$\bar{x}$为n年数据的平均值。

显然，当r_{xt}为正时表示地下水埋深有线性增加的趋势，为负时表示线性减少的趋势，其值的大小在一定程度上反映了序列增加或减小的比率。

4.3.1.2 Mann - Kendall秩相关法

Mann - Kendall秩相关法是一种非参数方法，它被广泛应用在趋势显著性的检验上。这种方法的特点是不需要被检验的数据集服从一些特定的分布。运用这种方法进行检验时，原假设 H_0 为数据集 X 的数据样本独立同分布，但没有趋势存在。备择假设 H_1 为数据集 X 有一个单调递增或递减的趋势。

Mann－Kendall 秩相关法表示如下：

$$Z_c = \begin{cases} \dfrac{S-1}{\sqrt{\mathrm{var}(S)}}, & S>0 \\ 0, & S=0 \\ \dfrac{S+1}{\sqrt{\mathrm{var}(S)}}, & S<0 \end{cases} \tag{4-2}$$

$$S = \sum_{i=1}^{n-1}\sum_{j=i+1}^{n}(x_j - x_i) \tag{4-3}$$

$$\mathrm{var}(S) = \frac{n(n-1)(2n+5) - \sum_{i=1}^{n} t_i i(i-1)(2i+5)}{18} \tag{4-4}$$

式中：x_i 和 x_j 表示样本的数据值；n 为数据的长度；t_i 为结长为 i 时结的个数。

令 $\theta = x_j - x_i$ ，当 $\theta > 0$ 时，sgn $(x_j - x)_i$ 为 1；当 $\theta = 0$ 时，sgn $(x_j - x)_i$ 为 0；当 $\theta < 0$ 时，sgn $(x_j - x)_i$ 为 -1。原假设的拒绝域为 $(-\infty, -Z_{1-\alpha/2}) \cup (Z_{1-\alpha/2}, +\infty)$ ，即当 $-Z_{1-\alpha/2} < Z_c < Z_{1-\alpha/2}$ 时接受原假设 H_0，表示该数据集没有趋势存在，反之，则接受备选假设，表示该数据集存在一个单调的趋势。除此以外，可以使用 Kendall 指标 β 对单调的趋势进行度量。β 的计算公式为

$$\beta = \mathrm{Median}\left(\frac{x_i - x_j}{i-j}\right), \forall j < i \tag{4-5}$$

式中，$1 < j < i < n$ ，若 $\beta > 0$ ，表示趋势是增大，若 $\beta < 0$ ，则表示趋势是减小的。

上面所介绍的方法都能够对地下水埋深的时间变化趋势进行检验。采用多种不同的检验方法进行分析计算，结果可以互相验证。

4.3.1.3 Spearman 秩相关法

地下水埋深时间序列主要涉及两个方面：一是判断时间序列是否有显著趋势特征；二是对时间序列的显著特征是上升还是下降进行判断。运用 Spearman 秩相关法判断时间序列是否有趋势性，主要是通过探究时间序列 x_i 的时序 i 的相关性。在运算过程中，时间序列 x_i 用它的秩次 R_i（时间序列 x_i 从小到大排列时 x_i 对应的序号）表示。

设一个时间序列 $\{x_i, i = 1,2,\cdots,n\}$ ，原假设 H_0：x_i 是独立同分布，没有趋势存在；备选假设 H_1：则表示 x_i 存在一个单调增加或减少的趋势。Spearman 秩相关系数定义如下：

$$r_s = 1 \frac{6\left\{\sum_{i=1}^{n}\left[R(x_i)-i\right]^2\right\}}{n(n^2-1)} \tag{4-6}$$

式中：x_i为地下水埋深观测值；n 为样本长度；R（x_i）为第 i 个观测值 x_i 在 n 项序列中由小到大的秩（排序号），当 R（x_i）与时序 i 接近时，则秩相关系数越大，趋势越显著。

利用 t 检验法判断径流时间序列是否存在显著的变化趋势，用统计量 T 表示，其计算公式为

$$T = r\sqrt{(n-4)/(1-r^2)} \tag{4-7}$$

T 服从自由度为 $n-2$ 的 t 分布，假设地下水埋深时间序列没有趋势性，根据时间序列的秩相关系数 r_s得出统计量 T，然后选择显著水平 $\alpha=0.05$，在 t 分布的临界值表中查出 $t_{\alpha/2}=2.01$，当 $|T| \geqslant t_{\alpha/2}$时，拒绝原假设，说明序列与时间有相关性，序列存在显著变化趋势；反之，序列变化趋势不显著。

4.3.1.4 灌区地下水埋深趋势性分析

利用人民胜利渠灌区1976—2013年连续38年的地下水埋深数据，采用以上介绍的趋势分析的方法，计算人民胜利渠灌区地下水埋深统计参数的趋势系数和变数，同时得到三种方法的计算结果，通过三种方法的对比分析人民胜利渠灌区地下水埋深变化趋势。

采用Matlab软件编程实现两种趋势分析方法，并且比较三种方法的结果。三种方法计算结果见表4-4。

表4-4　　三种方法计算结果

趋势分析方法	计算结果		趋势
趋势系数法	r_{xt}	0.005	+
Mann-Kendall秩相关法	Z_c	0.47	
	β	0.72	+
Spearman秩相关法	r_s	0.64	+

通过表4-4可以看出人民胜利渠灌区地下水埋深呈现出增大的趋势，三种方法所做出的趋势分析结果相似，认为结果具有一定的准确性。

采用直线趋势线法对灌区地下水埋深时间序列进行趋势分析，结果如图4-16所示，横坐标表示年份，纵坐标表示灌区每年的地下水埋深。由图4-16可知，人民胜利渠灌区地下水埋深呈现出明显的增大趋势。

4.3.2 周期性分析

水文时间序列中包含着确定性成分和随机性成分，这两种成分往往是线性

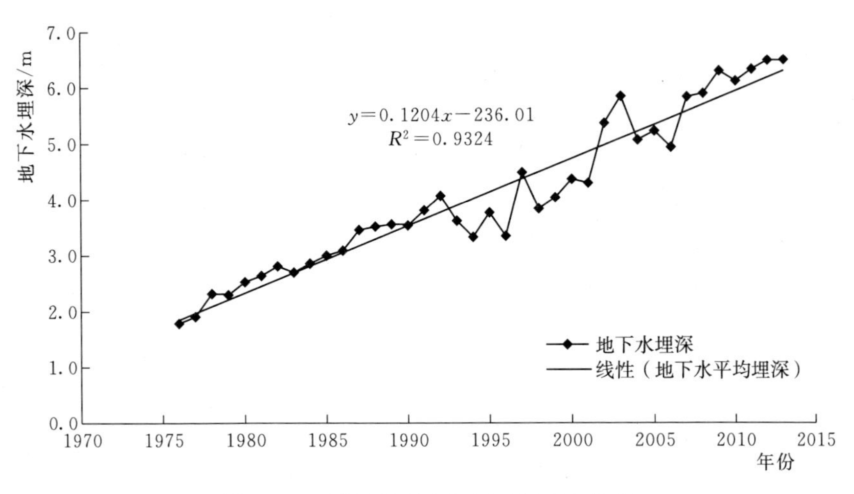

图 4-16 灌区地下水埋深时间变化趋势

叠加在一起的。确定性成分主要包括趋势、跳跃和周期性成分。所以可以说趋势、跳跃、周期性成分和随机性成分线性叠加成了水文时间序列。检测周期的方法有很多，像功率谱分析、小波分析。功率谱分析方法可以分为非参数化方法（相关图、周期图法）和参数化模型方法（回归模型法、最大熵谱分析法、最大似然估计法、超分辨率法）。

4.3.2.1 最大熵谱分析法

传统的谱分析方法具有分辨率较低、自相关函数最大时滞的选择主观性比较强、对展延数据进行一些不现实的假定等缺陷。最大熵谱分析法则克服了这些不足之处，它是以最大熵原理为基础而进行的谱分析，它的独特优势是频谱短而光滑，分辨率较高，并且可以对超过样本长度的时间序列进行周期性分析。本节采用该方法对研究区域的地下水埋深序列进行周期分析。

20 世纪 60 年代末，J. P. Burg 第一次基于最大熵原理（Principle of Maximum Entropy，POME）进行频谱分析，并提出了最大熵谱分析方法（Maximum Entropy Spectral Analysis，MESA）。

时间序列 $x_1, x_2, \cdots, x_n$ 由不同频率的规则波组成，随着这些频率波方差的增大，功率谱也在随之增大，其熵值也在增大，该时间序列的熵 H 可以定义为

$$H = \int_{-\infty}^{+\infty} \ln S(f) \mathrm{d}f \tag{4-8}$$

式中：f 为频率；$S(f)$ 为谱密度。

谱密度 $S(f)$ 和自相关函数 $r(n)$ 互为 Fourier 变换，表示对时间序列波动特征的不同描述，即

$$r(n) = \int_{-\infty}^{+\infty} S(f) \mathrm{e}^{nfj} \mathrm{d}f \tag{4-9}$$

为了使熵值 H 达到极大，主要用 $r(n)$ 估计谱密度 $S(f)$，使其满足式(4-9)，并且 H 值为最大。

根据自回归模型和拉格朗日乘子的方法，式（4-10）中的谱密度可以满足上面的要求：

$$S(f)=\frac{\sigma_{k_0}^2}{\left|1-\sum_{k=1}^{k_0}a_k e^{-\omega fk}\right|^2} \tag{4-10}$$

其中 $$f=\frac{1}{T}$$

式中：f 为普通频率；T 为周期；ω 为虚数；$\sigma_{k_0}^2$ 为 k_0 阶残差方差；a_k 为 k_0 阶 AR 自回归模型的系数。

4.3.2.2 Burg 递推算法

在进行最大熵谱分析时，Burg 递推算法是一种十分有效的算法。它主要对自回归模型的参数进行估计，它的准则是前、后各项预测误差的平方和最小。

当 $a_m(1),a_m(2),\cdots,a_m(k)$ 是序列 $\{x(n)\}$ 的 m 阶最大熵谱参数时，$\{x(n)\}$ 的 m 阶前向预测误差为

$$e_{1,m}(n)=x(n)+\sum_{k=1}^{m}a_m(k)x(n-k) \tag{4-11}$$

$x(n-m)$ 的估计值为

$$\hat{x}(n-m)=-\sum_{k=1}^{m}a_m(k)x(n-m+k) \tag{4-12}$$

m 阶后向预测误差为

$$e_{2,m}(n)=x(n-m)+\sum_{k=1}^{m}a_m(k)x(n-m+k) \tag{4-13}$$

随着 AR 模型的阶次从 1 取到 m，前向预测误差 $e_{1,m}(n)$ 与后向预测误差 $e_{2,m}(n)$ 的递推关系为

$$\begin{aligned}e_{1,m}(n)&=e_{1,m-1}(n)+Ke_{2,m-1}(n)\\e_{2,m}(n)&=e_{2,m-1}(n)+K_m e_{1,m-1}(n)\\e_{1,0}(n)&=e_{2,0}(n)=x(n)\end{aligned} \tag{4-14}$$

其中 $$K_m=a_m(m)$$

式中：K_m 为反射系数。

前、后项预测最优应使 $E\{|e_{1,m}(n)^2|\}$ 与 $E\{|e_{2,m}(n)^2|\}$ 之和最小，即

$$\min E\{|e_{1,m}(n)^2|\}+E\{|e_{2,m}(n)^2|\} \tag{4-15}$$

令 $$\frac{\partial E[|e_{1,m}(n)|^2+|e_{2,m}(n)|^2]}{\partial K_m}=0$$

$$K_m = \frac{2\sum_{n=m}^{N-1}[e_{1,m-1}(n)e_{2,m-1}(n-1)]}{\sum_{n=m}^{N-1}[e_{1,m-1}^2(n)e_{2,m-1}^2(n-1)]} \tag{4-16}$$

由式（4-16）对反射系数 K_m 进行估计之后，阶次为 m 时的 AR 模型系数依然根据 Levinson 递推公式递推求出：

$$\begin{aligned} a_m(k) &= a_{m-1}(k) + K_m a_{m-1}^*(k), k = 1,\cdots,m-1 \\ a_m(m) &= K_m \end{aligned} \tag{4-17}$$

而 Burg 递推算法是从 $m=1$ 开始，采用式（4-11）、式（3-13）和式（4-14）依次进行递推。所以，截止阶 k_0 的计算非常重要，在实际计算时，通常采用 FPE 准则、AIC 准则、BIC 准则、CAT 准则等进行截止阶的推算。但是运用这些准则推算出来的截止阶不一定与和真正的最优阶数保持一致，需要结合使用试错法来作为 Burg 递推算法的定阶准则。

FPE 的准则为

$$\text{FPE}(k) = \frac{N+k+1}{N-k-1}\sigma_k^2 \tag{4-18}$$

式中：σ_k^2 为残差方差，当 FPE(k) 取得最小时，此时的 k 就是最佳截取阶数 k_0。

Burg 算法的步骤如下：

（1）计算预测误差功率的初始值 $P_0 = 1/N\sum_{n=1}^{N}|x(n)|^2$ 以及前向和后向预测误差的初始值 $e_{1,0}(n) = e_{1,0}(n) = x(n)$，令 $m=1$。

（2）求反射系数。

$$K_m = \frac{2\sum_{n=m}^{N-1}[e_{1,m-1}(n)e_{2,m-1}(n-1)]}{\sum_{n=m}^{N-1}[e_{1,m-1}^2(n)e_{2,m-1}^2(n-1)]}$$

（3）计算前向预测滤波器系数：

$$\begin{aligned} a_m(k) &= a_{m-1}(k) + K_m a_{m-1}^*(k), k = 1,\cdots,m-1 \\ a_m(m) &= K_m \end{aligned}$$

（4）计算预测误差功率：

$$P_m = (1-|K_m|^2)P_{m-1}$$

（5）计算滤波器输出：

$$\begin{aligned} e_{1,m}(n) &= e_{1,m-1}(n) + Ke_{2,m-1}(n) \\ e_{2,m}(n) &= e_{2,m-1}(n) + K_m e_{1,m-1}(n) \end{aligned}$$

（6）使 $m \to m+1$，重复步骤（2）～（5），当阶次 $m = k_0$，就求出了所有

阶次的 AR 模型参数。

(7) 最大谱密度可以采用式 (4-10) 计算。

以频率 f 为横坐标，$S(f)$ 为纵坐标，绘制最大熵谱图。在最大熵谱图中，峰值所对应频率 f 的倒数就是该时间序列的周期。这是由于一个时间序列能够展开成傅里叶级数，表示为正弦、余弦的和，当频率和它们周期的最小公倍数的倒数相等时，所对应的功率谱通过叠加后即达到最大。

可以采用 Matlab 进行计算，其中 Burg 法谱分析的语句为

$$[P,f]=pburg(x,M,nfft,fs,rang)$$

4.3.2.3 灌区地下水埋深周期性分析

利用最大熵谱估计对人民胜利渠灌区 1976—2013 年的年平均地下水埋深作周期分析。最大熵谱估计实质上是一种自回归分析。在建立自回归模型时要对原始数据进行标准化处理，即

$$y_i=(x_i-\bar{X})/\sigma \tag{4-19}$$

式中：$\bar{X}$ 为序列的均值；σ 为序列的标准差。

运用 FPE 准则，根据式 (4-18) 计算时间序列的截止阶 k_0，通过在 Matlab 软件中进行计算，截止阶 k_0 为 14。

为了能够准确判断地下水埋深时间序列的隐含周期，可以选取不同的时间序列长度，通过比较来判定周期的一致性和稳定性。本次选取了 28 年、30 年、32 年、35 年四种时间序列长度，根据最大熵谱分析的步骤分析这三种时间序列长度的最大熵谱。四种时间序列的最大熵谱如图 4-17 所示，其中横坐标表示频率，纵坐标是功率谱值。

由图 4-17 可以看出，四种时间序列长度的最大熵谱对应的频率约为 0.35，取其倒数得主周期为 2.85 年，故以 3 年作为灌区 38 年地下水埋深序列的准周期。

4.3.3 突变性分析

4.3.3.1 Mann-Kendall 法

在某个时间点左右，水文气象数据的统计规律发生了明显变异，则称这个时间点为变点。变点的存在一般有两种情况：第一种是在变点前后其观测值的分布没有变化，分布的数字特征发生了变化；第二种是变点前后观测值的分布函数发生了变化。

Mann-Kendall 法是一种进行突变检测十分简单而有效的方法，它能够确定突变开始的时间以及突变区域。1954 年，曼 (Mann) 提出了 Mann-Kendall 法，随后，这种方法由 Sneyers 进行了完善，随着吉森斯 (Goossens) 等把这种方法应用到反序列中，一种检测水文要素突变的新方法诞生了。

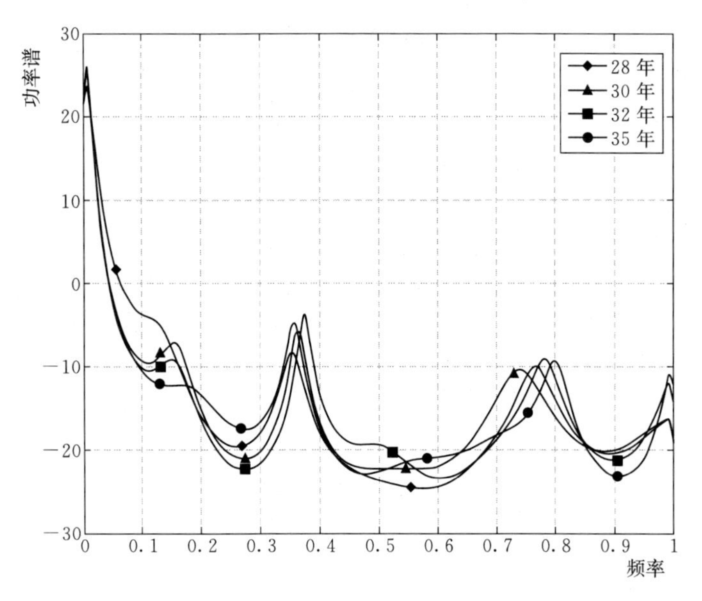

图 4-17　四种不同地下水埋深时间序列长度的最大熵谱图

原假设 H_0 为：观测序列无变化的前提下，设此序列为 $x_1, x_2, \cdots, x_N$ ，定义统计量

$$d_k = \sum_{i=1}^{k} m_i \tag{4-20}$$

式中：m_i 为第 i 个样本 x_i 大于 x_j 的累积数。

在原序 m_i 列的随机独立等假设下，定义统计量

$$UF_k(d_k - E[d_k]) / \sqrt{\text{var}[d_k]} \tag{4-21}$$

式中：$UF_1 = 0$；$E[d_k]$ 、$\text{var}[d_k]$ 分别是累积数 d_k 的均值和方差，可以根据式(4-22) 计算：

$$\begin{cases} E[d_k] = k(k-1)/4 \\ \text{var}[d_k] = k(k-1)(2k+5)/72, 2 \leqslant k \leqslant N \end{cases} \tag{4-22}$$

UF_i 为标准正态分布，通过计算或查表能够得到它的概率。对于给定的显著水平 α ，采用正态分布表进行查询，当 $|UF_i| > U_\alpha$ 则接受原假设，说明这个时间序列存在一个较强的增长或减少趋势。所有 $u[d_k]$ 将组成一条曲线 c_1 ，通过信度检验可知其是否存在变化趋势。

将这种方法使用到反序列中，$\overline{m_i}$ 表示第 i 个样本 x_i 大于 x_j 的累积数。当 $i' = N + 1 - i$ 时，如果 $\overline{m_i} = m_i$ ，则反序列的 $UB_k = -UF_k$ 。所有 $\overline{u}[d_i]$ 组成一条曲线 c_2 。

若 c_1 超过了信度线，说明该序列存在明显的变化趋势，倘若 c_1 和 c_2 的交叉

点位于置信线之间，这点就表示突变点的开始。

4.3.3.2 灌区地下水埋深周期性分析

利用 Mann-Kendall 法对人民胜利渠灌区 1976—2013 年平均地下水埋深作突变分析，如图 4-18 所示。

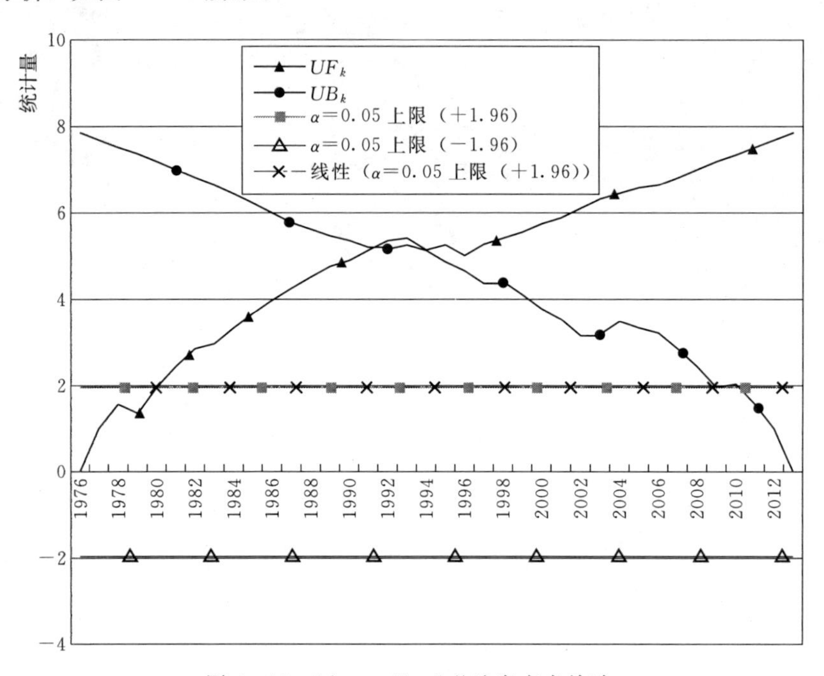

图 4-18 Mann-Kendall 法突变点检验

由 UF_k 曲线可以看出灌区地下水埋深有明显的增加趋势。UF_k 和 UB_k 曲线交点位置没有处于 0.05 显著置信水平下，故人民胜利渠灌区地下水埋深 38 年来没有发生突变。

4.3.4 混沌性分析

混沌状态广泛存在于自然现象和社会现象中，对混沌理论和方法的研究大大加深了对这些自然现象和社会现象的认识。20 世纪 70 年代，美国科学院院士、著名气象学家 E. N. Lorenz 发表了论文《蝴蝶效应》，在论文中，他提到了这样一个例子：南美洲亚马逊河流域热带雨林中的一只蝴蝶偶尔扇动几下翅膀，可以在两周以后引起美国得克萨斯州的一场龙卷风。他用这个例子形象地形容了混沌现象。这显示了混沌系统对初始条件的敏感性，即使再小的扰动在经历长时间以后，也会影响整个系统，使其与原来的演化方向彻底偏离。之后，在 1975 年，混沌（Chaos）作为一个科学名词首次出现于美籍华人李天岩和他的导师数学家约克（James A. Yorke）在美国《数学周刊》上发表的论文《周期 3 蕴涵混沌》中。混沌理论的出现，动摇了几百年来拉普拉斯确定论在人们思想中的统治地位。随后，人们对混沌学产生了浓厚的兴趣。著名的物理学家 J. Ford 将混沌与物理学的两大基本支柱（量子力学、相对论）相提并论，他认为混沌也和这两大支柱一样冲破了牛顿力学，并将混沌称为 20 世纪物理学第三次大革命。

4.3.4.1 混沌的定义及特征

迄今为止，对于混沌很难给出完全严格的定义。混沌现象一般出现在确定性的非线性系统中。它是一种看似无规则的、类似随机的现象。混沌解就是指对于确定性的非线性系统出现的具有内在随机性的解。混沌的运动规律有两个明显的特征：一是与确定性系统不同，混沌的外在表现类似于纯粹的随机运动，这就使其长期不可预测；二是与随机系统不同，混沌运动在动力学上是具有确定性的，短期可预测。因此，在混沌系统中，随机与确定是共存的。一方面，混沌是由确定系统产生的；另一方面，混沌具有随机性的特征。混沌的一般特性有：

（1）依赖性。混沌系统对初始条件具有敏感依赖性，即使再小的扰动在经历长时间以后，也会影响整个系统，使其与原来的演化方向彻底偏离。

（2）确定性。混沌系统是一个确定性的非线性系统，系统本身的特性确定了它的长期行为。

（3）伪随机性。混沌是一种貌似不规则、类似随机的现象，这是它长期不可预测性的具体体现。

（4）有界性。混沌是有界的，从整体上看混沌系统是稳定的。它的运动轨迹始终局限于混沌吸引域内，轨线不会走出混沌吸引域，即使混沌系统内部多么不稳定。

4.3.4.2 相空间重构

1. 基本理论

当我们进行时间序列的分析时，确定该时间序列是否能够进行观测的因素有许多。同时，相互作用的动力学方程一般都是非线性的，甚至有可能是混沌的。人们对时间序列内在机制的理解往往受到各种各样的限制，这些限制包括测量精度、计算的复杂性和许多非确定性因素等。20 世纪 80 年代以来，根据 Takens 对拓扑学的研究成果，可以对时间序列的背景和动力学机制进行深入分析。许多专家学者基于确定性采用延迟坐标状态空间重构法对序列动力学因素进行分析。通常来讲，非线性系统的相空间的维数也许很高，甚至无穷，但在大多数情况下维数并不知道。非线性系统离散时间序列的演变规律综合反映了物理因子的相互作用，但它只是反映该动力系统的一部分信息。要实现对这些信息的充分利用，以便对系统进行预测，就必须基于时间序列构造一个多维的向量，支起一个维数够高的嵌入空间，这样就可以恢复原来的动力学形态，这就是所谓的重构相空间。在实际问题中，对于给定的时间序列 $x_1, x_2, \cdots, x_{n-1}, x_n, \cdots$，通常是将其扩展到三维甚或是更高维的空间中去，这样就能够充分暴露出时间序列中包含的信息，这个过程就是延迟坐标状态空间重构法。

2. 重构相空间及 Takens 定理

一开始提出相空间重构的理论是为了能够使混沌吸引子在高维相空间中得到恢复。混沌吸引子是混沌系统规律性的体现，是混沌系统的特征之一。混沌吸引子是一种特定的轨道，混沌系统最终会落入这一种轨迹之中。混沌系统中任何一种分量的演化都是由与它之间存在相互作用关系的其他分量来决定的。所以，任一分量的发展过程中都包含着与之相关的分量的信息。这样，系统原先具有的规律就能够通过某一分量的一批时间序列数据中提取和恢复出来，而这种规律是处于高维空间下的一种轨迹。即由一个混沌系统产生的轨迹经过一定时期的变化后，最后都会进行一种有规律的运动，产生某种规则且有形的轨迹（混沌吸引子）。而这种轨迹通过进行类似拉伸和折叠后转化成与时间相关的序列时，却会表现出混乱的、复杂的特性。由于混沌系统的策动因素是相互影响的，因而在时间上先后产生的数据点也是相关的。Pakard 等建议用原始系统中某变量的延迟坐标的维数 $m \geqslant 2d+1$（d 表示动力系统的维数），在这个嵌入维空间里能够恢复出这种规律的轨迹（吸引子）。也就是说原动力系统与重构的 R^m 空间中的轨线上保持微分同胚，这就为混沌时间序列的预测打下了基础。

定义 1：设 (N,ρ)，(N_1,ρ_1) 是两个度量空间，如果存在映射 $\varphi: N \to N_1$ 满足：① φ 满射；② $\rho(x,y) = \rho_1(\varphi(x),\varphi(y))(\forall x,y \in N)$，则称 (N,ρ)，(N_1,ρ_1) 是等距同构的。

定义 2：如果 (N_1,ρ_1) 与另一个度量空间 (N_2,ρ_2) 的子空间 (N_0,ρ_0) 是等距同构的，则称 (N_1,ρ_1) 可以嵌入 (N_2,ρ_2)。

Takens 定理：M 是 d 维流形，$\varphi: M \to M$，φ 是一个光滑的微分同胚，$y: M \to R$，y 有二阶连续导数，$\phi(\varphi,y): M \to R^{2d+1}$，其中 $\phi(\varphi,y) = \{y(x), y[\varphi(x)], y[\varphi^2(x)], \cdots, y[\varphi^{2d}(x)]\}$，则 $\phi(\varphi,y)$ 是 $M \to R^{2d+1}$ 的一个嵌入。

对于时间序列 $x_1, x_2, \cdots, x_{n-1}, x_n, \cdots$，如果能适当选定嵌入维数 m 和时间延迟 τ，重构相空间：

$$Y(t_i) = \{x(t_i), x(t_i+\tau), x(t_i+2\tau), \cdots, x[t_i+(m-1)\tau]\}, i = 1,2,\cdots \tag{4-23}$$

按照 Takens 定理就可以在拓扑等价的意义下恢复吸引子的动力学特性。

3. 延迟时间的确定

当进行相空间的重构时，对于时间延迟 τ 和嵌入维数 m 的选取非常重要，并且很难选取。在时间延迟 τ 和嵌入维数 m 的选取上，很多专家学者提出了不同的方法，他们的观点大致分为两种：一种观点认为时间延迟 τ 和嵌入维数 m 之间互不相关，认为二者的选取是相互独立的；另一种观点则认为时间延迟 τ 和嵌入维数 m 之间具有相关性，就是说二者的选取是相互依赖的。对于时间延迟的选取通常利用下列方法：

(1) 序列相关法。这种方法是在保证 $Y(t_i)$ 包含的源动力学系统的信息不丢失的前提下，使得 $Y(t_i)$ 内元素之间的相关性减弱。诸如互信息量法、自相关法、高阶相关法等方法都属于序列相关法。

(2) 相空间扩展法。重构相空间的轨迹应从相空间的主对角线（τ 很小时）尽可能地扩展，但又不出现折叠，如填充因子法、摆动量法、平均位移法、SVF 法等。

(3) 复自相关法和去偏复自相关法，有很强的理论依据，是一种介于以上两类方法之间的方法，它的计算相对简单，不依赖于数据的长度，并且具有很强的抗噪能力。

目前，使用自相关函数法求时间延迟得到了广泛的应用。这是一种非常成熟的方法，相比其他方法而言，此方法简单易懂，且使用方便，得出结果比较合理，而且使用这种方法可以独立求取时间延迟 τ，它主要是提取序列间的线性相关性。对于一个混沌时间序列，当要确定序列的延迟时间时，首先可以写出其自相关函数，一般可用式 (4-24) 计算：

$$r_\tau = \frac{\sum_{t=\tau+1}^{n}[(x_t-\bar{x})(x_{t-\tau}-\bar{x})]}{\sum_{t=1}^{n}(x_t-\bar{x})^2} \tag{4-24}$$

然后做出自相关函数关于 τ 的图像，通过大量数值实验及研究表明：自相关系数首次到达零时的 τ，就是延迟时间 τ。

4. 嵌入维数的确定

在使用延迟坐标法进行相空间重构时，嵌入维数 m 的选择至关重要。嵌入维数 m 太小，重构吸引子不能完全打开；m 太大，实际建模就需要更多的观测值，对计算 Lyapunov 指数等矢量变量将带来大量不必要的计算。20 世纪 80 年代初，Grassberger 和 Procaccia 提出了从时间序列计算吸引子的关联维的 G-P 算法。对于 n 维重构混沌系统，奇怪吸引子由点所构成。在 y_j 之后，需要对其之间的距离进行定义。

$$y_j = (x_j, x_{j+\tau}, x_{j+2\tau}, \cdots, x_{j+(n-1)\tau}) \tag{4-25}$$

由于仅仅要求满足距离公理的定义即可，故距离可以选取两个矢量的最大分量差同时规定，只要是距离小于给定正数 r 的矢量，就是关联的矢量。

$$|y_i - y_j| = \max_{1\leqslant k\leqslant n} |y_{ik} - y_{jk}| \tag{4-26}$$

设重构相空间有 N 个点（即矢量），通过计算得出有关联的矢量对数，这其中可能的配对有 N^2 种，而关联矢量的对数在所有可能的配对中所占的比例称为关联积分。

$$C_n(r) = \frac{1}{N^2}\sum_{i,j=1}^{N}\theta(r - |y_i - y_j|) \tag{4-27}$$

式中：θ 为 Heaviside 单位函数。

$$\theta(x) = \begin{cases} 0, & x \leqslant 0 \\ 1, & x > 0 \end{cases} \tag{4-28}$$

已经知道，关联积分 $C_n(r)$ 在 $r \to 0$ 时与 r 之间的关系为

$$\lim_{r\to 0} C_n(r) \propto r^D \tag{4-29}$$

式中：D 为关联维数，通过对 r 的适当选取，就能实现 D 对混沌吸引子自相似结构的描述。因为式（4-6）有近似数值，计算关系式为

$$D_{GP} = \frac{\ln C_n(r)}{\ln r} \tag{4-30}$$

当进行嵌入维数的计算时，一般是给定一些具体的 r 值并且使 r 值充分小。在实践中，一般是让 n 从小增大，令 D 不变，也就是双对数关系 $\ln C_n(r)—\ln r$ 中的直线段。除了斜率为 0 或∞的直线外，考察这些直线段中最佳拟合直线，这条直线的斜率就是关联维数 D。

在实际应用中，G-P 算法的主要步骤如下：

(1) 首先根据时间序列 $x_1, x_2, \cdots, x_{n-1}, x_n, \cdots$，给定一个较小的嵌入维数 m_0，以此嵌入维数进行相空间的重构：

$$Y(t_i) = \{x(t_i), x(t_i+\tau), x(t_i+2\tau), \cdots, x[t_i+(m-1)\tau]\}, i = 1,2,\cdots \tag{4-31}$$

(2) 计算关联函数：

$$C(r) = \lim_{N\to\infty}\frac{1}{N}\sum_{i,j=1}^{N}\theta(r - |Y(t_i) - Y(t_j)|) \tag{4-32}$$

式中：$C(r)$ 为累积分布函数，表示相空间中吸引子上两点距离小于 r 的概率；$|Y(t_i) - Y(t_j)|$ 为相点 $Y(t_i)$ 到 $Y(t_j)$ 之间的距离；$\theta(z)$ 为海维赛德（Heaviside）函数。

(3) 当 r 处于某一个适当范围时，吸引子的关联维数 D 应当与累积分布函数 $C(r)$ 满足对数线性关系，即 $D(m) = \ln C(r)/\ln r$。根据它们之间的对数线性关系，可以拟合求出与 m_0 相对应的关联维数的估计值 $D(m_0)$。

(4) 增加嵌入维数 $m_1 > m_0$，重复计算步骤（2）和（3），当所计算的关联

维数的估计值 $D(m)$ 随着 m 的增长而出现饱和时，得到的 D 就是吸引子的关联维数。

当求取时间序列的嵌入维数时，经常先是给定一组从小到大的 m 值，并选取适当的 r，根据上面所叙述的方法，绘制出一簇 $\ln C(r)$—$\ln r$ 曲线，这些曲线中直线段的斜率就是时间序列吸引子的关联维数 D。当关联维数不再随着 m 的增大而变化，即达到饱和时，此时的 m 值就是重构相空间的最佳嵌入维数。

4.3.4.3 混沌的判别

对于一个系统的动态行为是否具有混沌性的判别，一般要通过对混沌吸引子的两个重要的特征进行观察得来：一个特征是对于给定的初始条件，系统是否表现出敏感的依赖性；另一个就是相空间吸引子是否存在分形维特征，也就是表现自相似结构。如果一个系统的吸引子表现出这两个重要特征，那就表示这个吸引子是系统的混沌吸引子，这个系统的行为就具有混沌性。在实际应用中，主要是通过定性分析和定量计算来判定时间序列的混沌性。其中，定性分析法是通过对时间序列在时域或频域内表现出的特殊性质进行研究，并根据这些特殊性质，粗略分析序列的主要特性，一般包括这几种方法：相图法、功率谱法、代替数据法和 Ponicare 截面法；定量计算法是计算描述混沌系统的重要特征量（关联维数、最大 Lyapunov 指数和 Kolmogorv 熵）来进行混沌性判断。本书中采用定量分析中的最大 Lyapunov 指数来判别时间序列的混沌性。

Lyapunov 指数作为沿轨道长期平均的结果，是一种整体特征，它的数值为实数，可为正、可为负、可为零。在 Lyapunov 指数 $\lambda < 0$ 的方向，相空间的体积收缩，系统的运动相对稳定，系统对初始条件不敏感；在 $\lambda > 0$ 的方向，轨道迅速分离，系统对初始条件表现出敏感的依赖性，系统的运动是混沌的；$\lambda = 0$ 对应于稳定边界，属于一种临界情况。如果系统最大 Lyapunov 指数 $\lambda > 0$，那么这个系统就是混沌的。因此，可以用时间序列的最大 Lyapunov 指数来判断一个系统是否具有混沌性。

通过采用定义的方法可以求出 Lyapunov 指数，但定义法比较复杂且难以实行，如今 Lyapunov 指数的计算方法有许多种，大致可以分为两种：Wolf 方法和 Jocobian 方法。Wolf 方法要求时间序列无噪声，切空间中小向量的演变是高度非线性；Jocobian 方法则对噪声大的时间序列较为合适，切空间中小向量的演变接近线性。G. Barana 和 I. Tsuda 曾经使用一种新的 p－范数算法计算 Lyapunov 指数，这种方法将 Wolf 方法和 Jocobian 方法联系在一起，但是这种方法计算非常复杂且难以实行。另一种小数据量法则比较简单易行，它由 M. T. Rosenstein、J. J. Collins 和 G. J. De luca 共同提出。小数据量方法对小数据组比较可靠，具有计算量较小、比较容易操作的优点。

以下是小数据量方法的计算过程：

有混沌时间序列$\{x_1,x_2,\cdots,x_N\}$，它的嵌入维数是m，时间延迟是τ，进行相空间重构：

$$Y(i)=(x_i,x_{i+\tau}\cdots,x_{i+(m-1)\tau})\in R^m,i=1,2,\cdots,M \tag{4-33}$$
$$N=M+(m-1)\tau$$

通过G-P算法计算出嵌入维数m，通过自相关函数法计算时间延迟τ。

在相空间重构后，寻找给定轨道上每个点的最近临近点，即

$$d_j(0)=\min_{X_{\hat{j}}}\|Y_j-Y_{\hat{j}}\| \tag{4-34}$$

$$|j-\hat{j}|>p \tag{4-35}$$

式中：p为该时间序列的平均周期，它能够通过能量光谱的平均频率的倒数估计出来，于是最大Lyapunov指数就能够根据基本轨道上每个点最近临近点的平均发散速率来进行估计。

Satoetal所估计出的最大Lyapunov指数如下：

$$\lambda_i=\frac{1}{i\Delta t}\frac{1}{(M-i)}\sum_{j=1}^{M-i}\ln\frac{d_j(i)}{d_j(0)} \tag{4-36}$$

式中：Δt为样本的周期；$d_j(i)$为基本轨道上第j对最近临近点对经过i个离散时间步长后的距离。

通过改进，最大Lyapunov指数如下：

$$\lambda_1(i,k)=\frac{1}{k\Delta t}\frac{1}{(M-k)}\sum_{j=1}^{M-k}\frac{d_j(i+k)}{d_j(i)} \tag{4-37}$$

式中：$d_j(i)$与式（4-36）表达意义相同。

最大Lyapunov指数的几何意义是量化初始闭轨道的指数发散和估计系统的总体混沌水平的量，所以Satoetal的估计式有：

$$d_j(i)=C_j e^{\lambda_1(\Delta t)},C_j=d_j(0) \tag{4-38}$$

将式（4-38）两边取对数得到：

$$\ln d_j(i)=\ln C_j+\lambda_1(i\Delta t),j=1,2,\cdots,M \tag{4-39}$$

显然，最大Lyapunov指数大致相当于上面这组直线的斜率。它可以通过最小二乘法逼近这组直线而得到，即

$$y(i)=\frac{1}{\Delta t}\langle\ln d_j(i)\rangle \tag{4-40}$$

式中：$\langle\cdot\rangle$为所有关于j的平均值。

在实际应用小数据量法进行最大Lyapunov指数计算时，小数据量方法的具体步骤如下：

(1) 对时间序列$\{x(t_i),i=1,2,\cdots,N\}$进行傅里叶变换，计算出时间平均

周期。

（2）计算出时间延迟 τ 和嵌入维数 m 。

（3）根据时间延迟 τ 和嵌入维数 m 重构相空间 $\{Y_j, j=1,2,\cdots,M\}$ 。

（4）找相空间中每个点 Y_j 的最邻近点 $Y_{\hat{j}}$ ，并限制短暂分离，即：

$$d_j(0)=\min_{\hat{j}}\|Y_j-Y_{\hat{j}}\|, |j-\hat{j}|>P \tag{4-41}$$

（5）对相空间中每个点 Y_j ，计算出该邻点对 i 个离散时间步后的距离 $d_j(i)$：

$$\begin{gathered} d_j(i)=|Y_{j+1}-Y_{\hat{j}+1}| \\ i=1,2,\cdots,\min(M-j,M-\hat{j}) \end{gathered} \tag{4-42}$$

（6）对每个 i ，求出所有 j 的 $\ln d_j(i)$ 平均 $y(i)$ ，即：

$$y(i)=\frac{1}{q\Delta t}\sum_{j=1}^{q}\ln d_j(i) \tag{4-43}$$

式中：q 为非零 $d_j(i)$ 的数目，并用最小二乘法做出回归直线，该直线的斜率就是最大 Lyapunov 指数 λ_1 。

4.3.4.4 灌区混沌性分析

1. 延迟时间的确定

借助 Matlab 软件，将灌区及各分区 1993—2013 年共 252 个月的数据进行整理，并根据式（4-24）使用自相关函数法求出相关系数，做出自相关函数关于时间延迟的图像（图 4-19～图 4-24）。

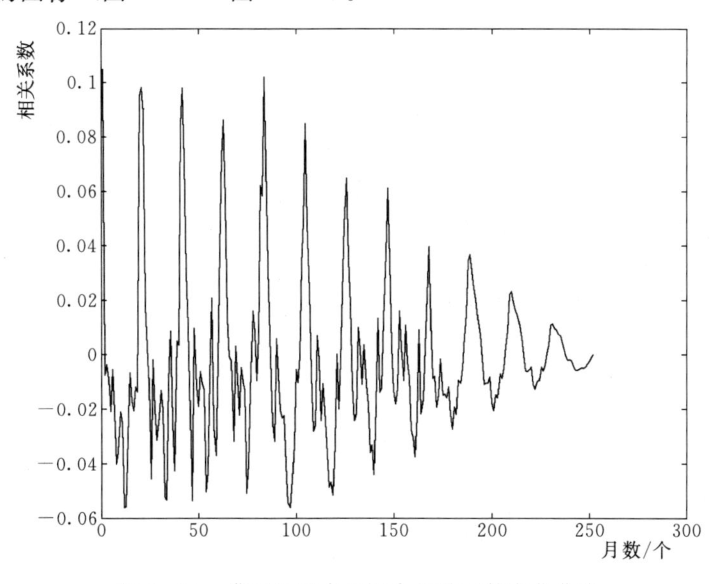

图 4-19 灌区地下水埋深自相关函数变化曲线

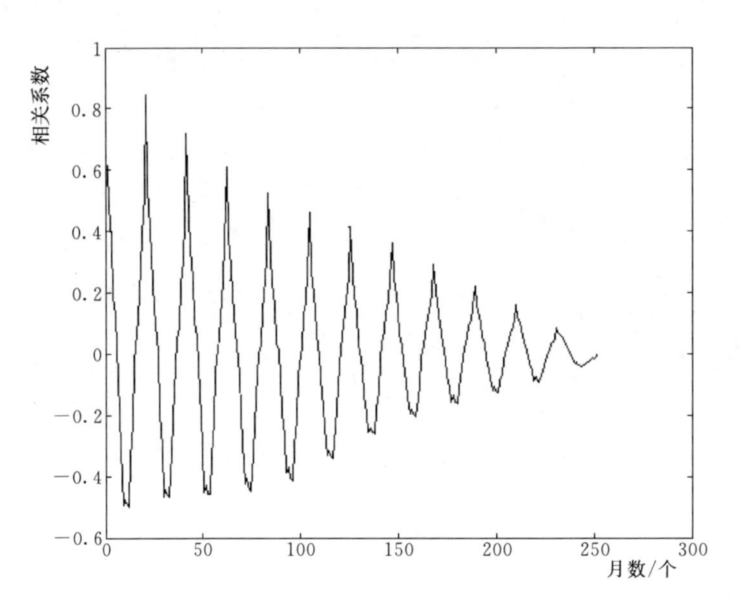

图 4-20　Ⅰ分区地下水埋深自相关函数变化曲线

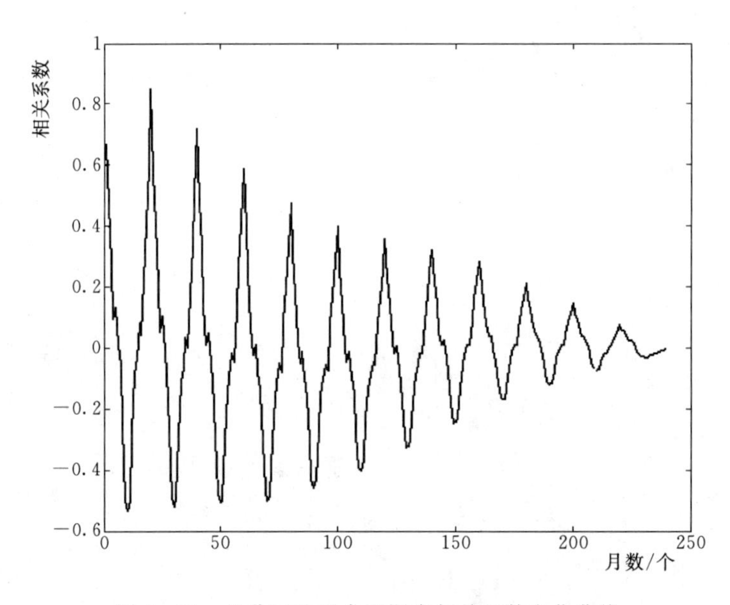

图 4-21　Ⅱ分区地下水埋深自相关函数变化曲线

由图 4-19～图 4-24 可知，随着时间的增大，自相关函数具有十分明显的衰减，时间延迟一般取自相关函数首次过零点时所对应的值，灌区及各分区的延迟时间见表 4-5。

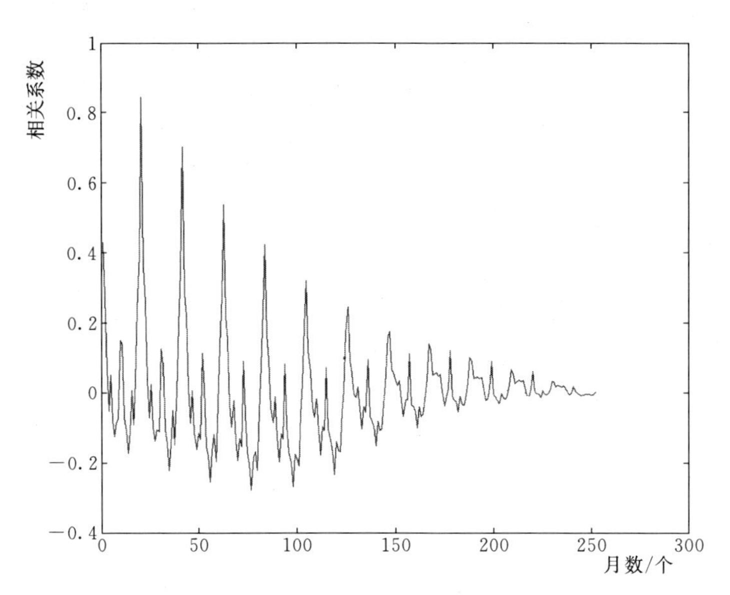

图 4-22 Ⅲ分区地下水埋深自相关函数变化曲线

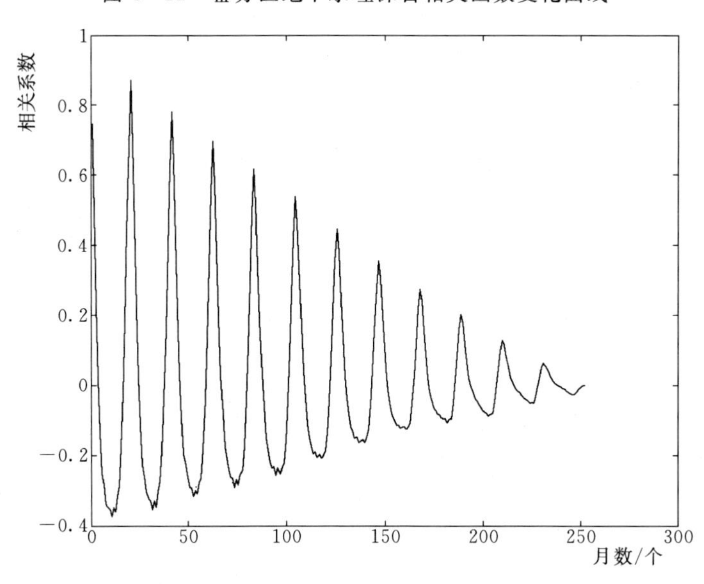

图 4-23 Ⅳ分区地下水埋深自相关函数变化曲线

表 4-5 灌区及各分区地下水埋深序列延迟时间

项目	灌区	Ⅰ分区	Ⅱ分区	Ⅲ分区	Ⅳ分区	Ⅴ分区
延迟时间	4	8	9	5	6	5

通过表 4-5 可以看出，灌区地下水埋深序列的延迟时间与各分区相比较小，这是因为灌区地域面积较大，受到各方面复杂因素的影响较小。

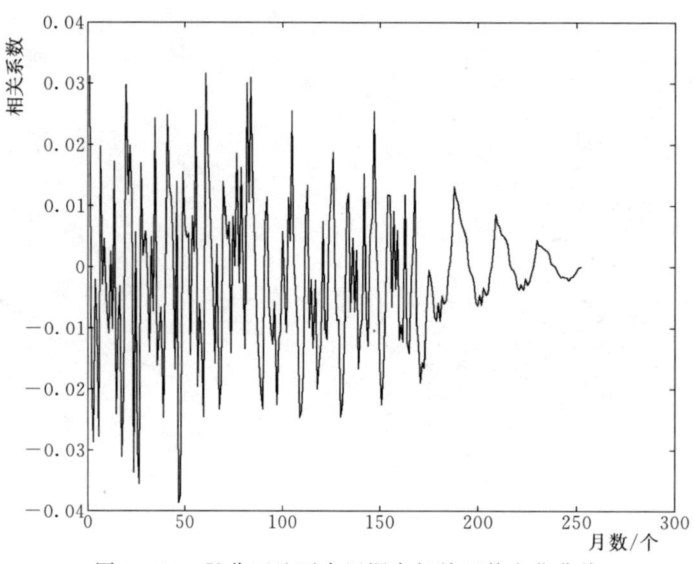

图 4-24 V分区地下水埋深自相关函数变化曲线

2. 嵌入维数的确定

嵌入维数的确定采用G-P算法。选择嵌入维数 $m=1,2,3,\cdots$，根据所求得的灌区和各分区地下水埋深序列的时间延迟 τ，采用G-P算法，借助Matlab软件，分别做出与不同 m 相对应的 $\ln C(r)$—$\ln r$ 曲线，（图 4-25～图 4-30），然后根据曲线的直线段斜率，做出 D—m 关系图（图 4-31～图 4-36）。

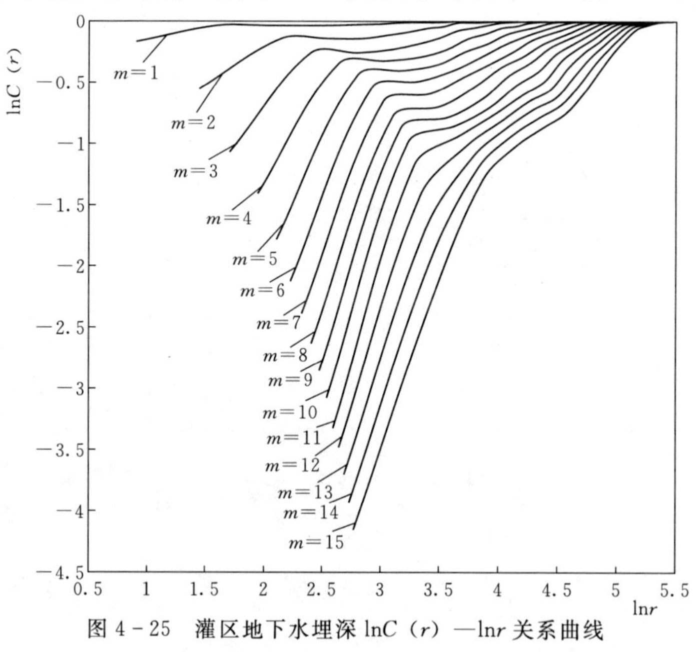

图 4-25 灌区地下水埋深 $\ln C(r)$—$\ln r$ 关系曲线

在 D—m 关系图中，当关联维数随着 m 的增大而达到饱和时，此时的 D 就是饱和关联维，而达到饱和时的 m 就是吸引子的最佳嵌入维数。表 4 - 6 为灌区和各分区地下水埋深序列的饱和关联维 D 和嵌入维数 m 。

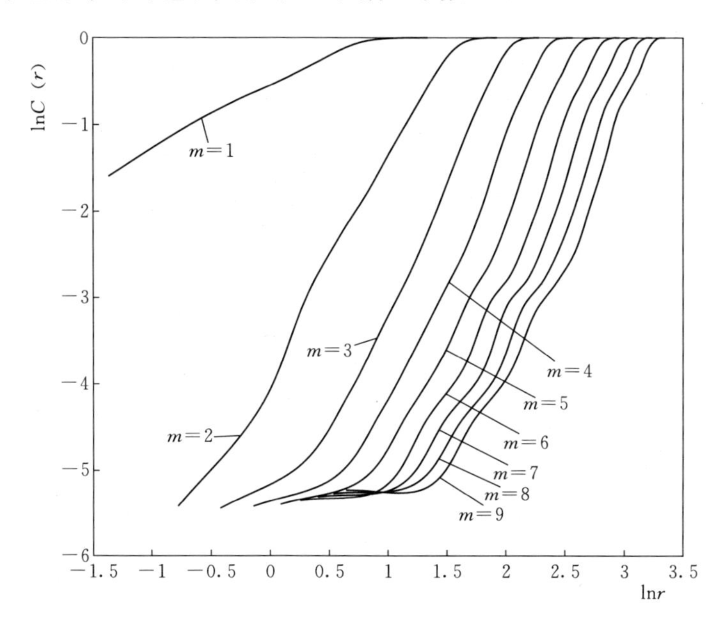

图 4 - 26 Ⅰ分区地下水埋深 lnC (r) —lnr 关系曲线

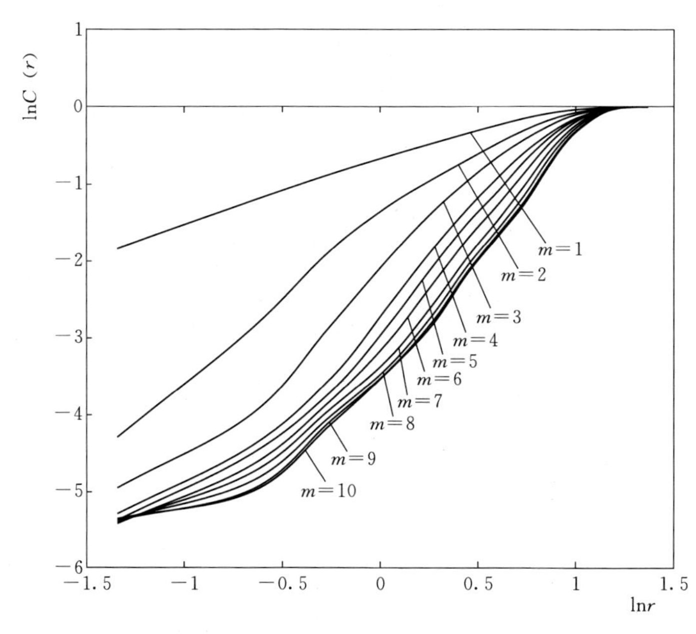

图 4 - 27 Ⅱ分区地下水埋深 lnC (r) —lnr 关系曲线

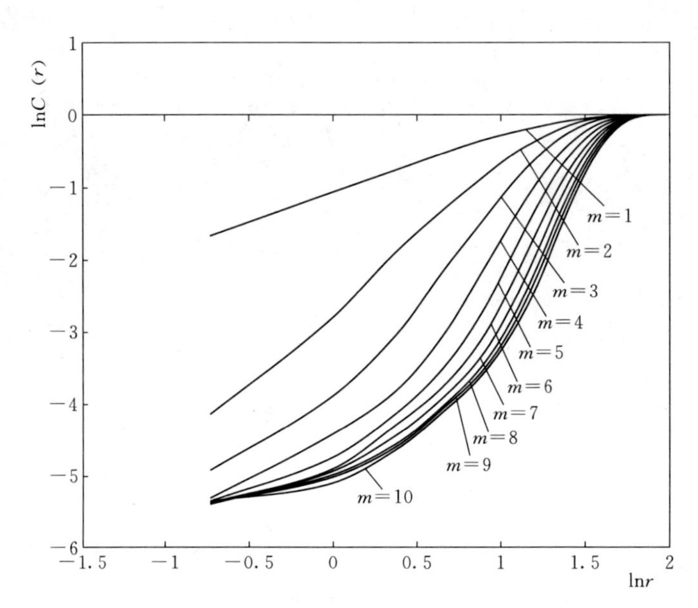

图 4-28 Ⅲ分区地下水埋深 lnC（r）—lnr 关系曲线

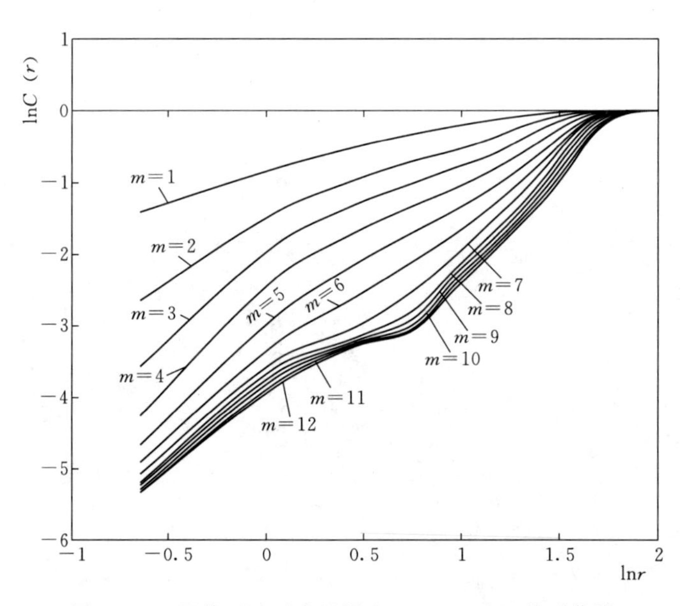

图 4-29 Ⅳ分区地下水埋深 lnC（r）—lnr 关系曲线

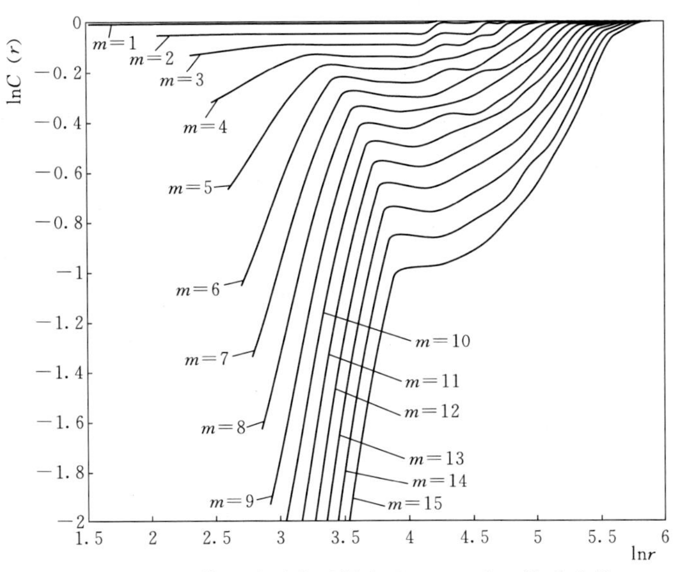

图 4-30　V分区地下水埋深 lnC（r）—lnr 关系曲线

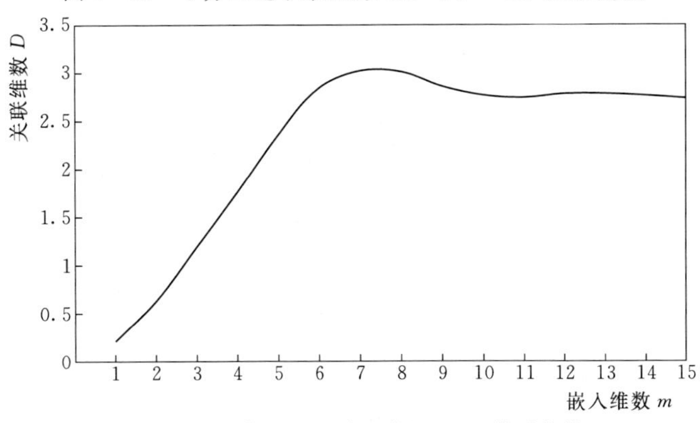

图 4-31　灌区地下水埋深 D—m 关系曲线

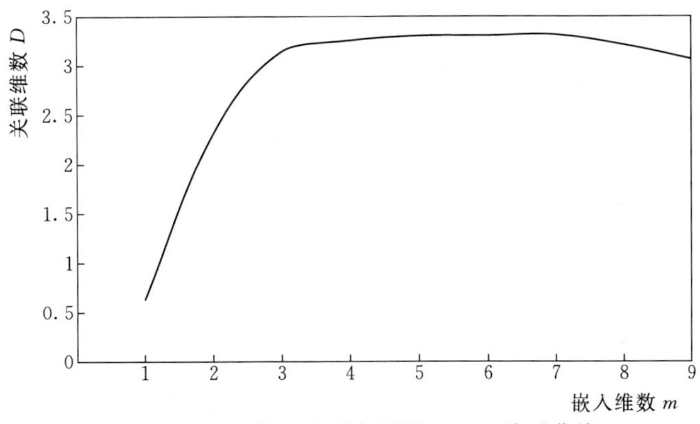

图 4-32　Ⅰ分区地下水埋深 D—m 关系曲线

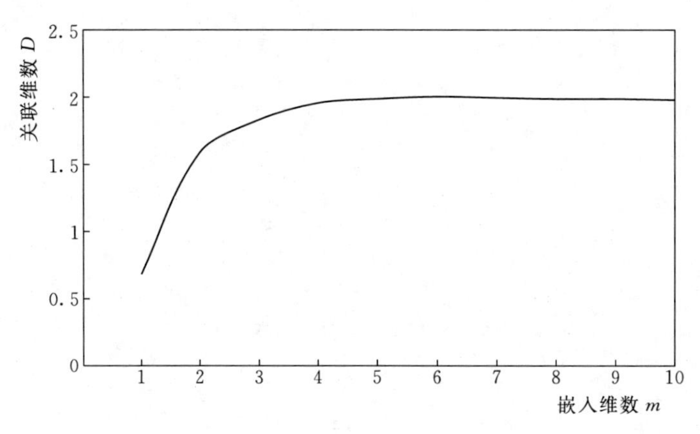

图 4-33　Ⅱ分区地下水埋深 D—m 关系曲线

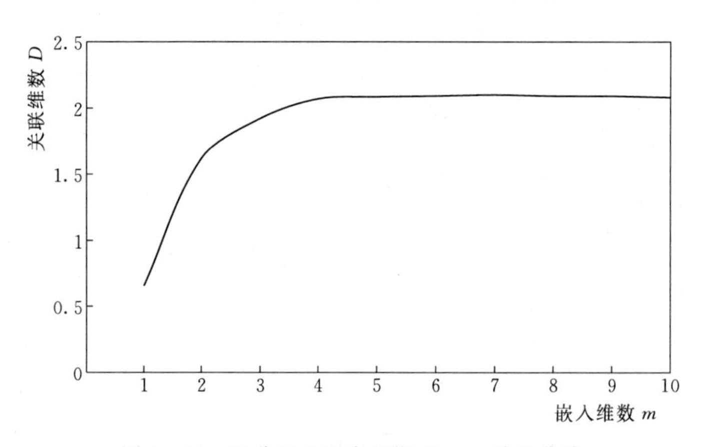

图 4-34　Ⅲ分区地下水埋深 D—m 关系曲线

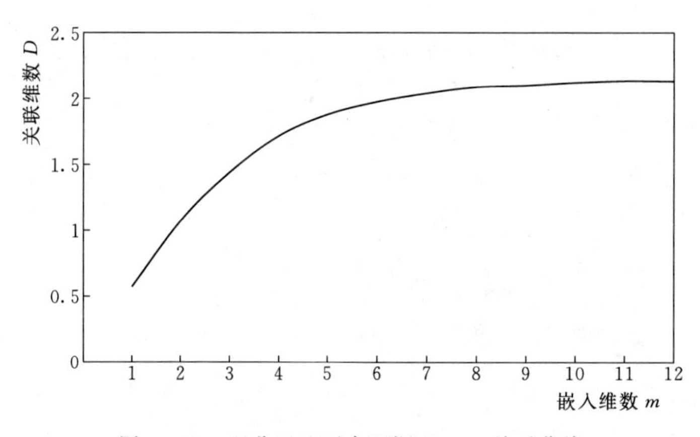

图 4-35　Ⅳ分区地下水埋深 D—m 关系曲线

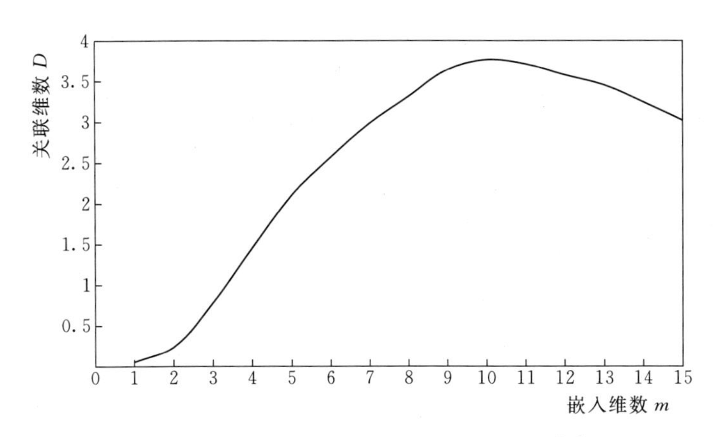

图 4-36 Ⅴ分区地下水埋深 D—m 关系曲线

表 4-6　　灌区及各分区地下水埋深时间序列嵌入维数

分区	灌区	Ⅰ分区	Ⅱ分区	Ⅲ分区	Ⅳ分区	Ⅴ分区
嵌入维数 m	7	7	9	8	11	10
关联维数 D	3.02	3.31	1.99	2.15	2.13	3.76

通过表 4-6 可以看出，灌区地下水埋深序列的嵌入维数与各分区相比较小，这是因为灌区由于地域面积较大，受到各方面复杂因素的影响较小。

3. 灌区地下水埋深时间序列混沌性判别

根据以上求得的延迟时间及嵌入维数可以对灌区地下水埋深时间序列进行相空间重构，根据重构的相空间，借助 Matlab 软件，采用小数据量的方法求出灌区及各分区地下水埋深序列的最大 Lyapunov 指数，见表 4-7。

表 4-7　　灌区及各分区地下水埋深序列最大 Lyapunov 指数

分区	灌区	Ⅰ分区	Ⅱ	Ⅲ分区	Ⅳ分区	Ⅴ分区
最大 Lyapunov 指数 λ	0.025	0.0585	0.0883	0.0954	0.0461	0.0663

灌区及各分区所求得的最大 Lyapunov 指数均大于零，这说明灌区及各分区地下水埋深具有明显的混沌性。

4. 小结

本节主要讨论了混沌的本质，详细介绍了混沌的定义及特征、混沌理论的一些概念原理、混沌时间序列的概念等。对相空间重构理论进行了详细阐述，讨论研究了确定重构相空间延迟时间的自相关函数法和确定嵌入维数的 G-P 算法的理论原理及运用步骤，介绍了判别时间序列混沌性的最大 Lyapunov 指数法，并对求出 Lyapunov 指数的小数据量法的步骤进行分析。对人民胜利渠灌区及各分区 1993—2013 年 252 个月地下水埋深时间序列进行相空间重构。根据自相关函数的方法做出自相关函数图像，将自相关系数首次过0的时间作为灌区及各分区吸引子的延迟时间 τ，求得的延迟时间分别为4、8、9、5、6、5；采用G-P算法确定嵌入维数 m，选择嵌入维数 $m=1,2,3,\cdots$，根据所求得的灌区和各分区地下水埋深序列的时间延迟 τ，分别做出与不同 m 相对应的 $\ln C(r)—\ln r$ 曲线，然后根据曲线的直线段斜率，做出 $D—m$ 关系图，在 $D—m$ 关系图中，当关联维数随着 m 的增大而达到饱和时 m 就是吸引子的最佳嵌入维数，求得灌区及各分区地下水埋深时间序列吸引子的最佳嵌入维数分别为7、7、9、8、11、10。根据求得的延迟时间及最佳嵌入维数对灌区及各分区地下水埋深时间序列进行相空间重构，采用小数据量法求出灌区及各分区吸引子的最大Lyapunov指数分别为0.025、0.0585、0.0883、0.0954、0.0461、0.0663，均大于0，表明灌区及各分区地下水埋深序列具有明显的混沌性，为下一步进行灌区地下水埋深的预测打下了基础。

地下水水质变化特征

5.1 水质状况分析

对灌区内所有井点的地下水进行取样，进行实验室化验，通过与监测仪器的监测结果进行对比，分析仪器监测的准确性，同时收集获得灌区内监测井点处的地下水水质数据。为了对灌区地下水的实际状况有一个较好的了解，取2014年1月实验室化验与仪器检测已对比过的数据分析灌区内地下水的水质情况，通过分析从空间上对灌区内的地下水水质状况有一个整体的认识，有利于后期监测中实验方案的调整、指标的选择和水质评价。

考虑到人民胜利渠灌区农业生产区内地下水主要用于农业生产，农业生产反作用于地下水环境，因此，以GB/T 14848《地下水质量标准》为基础，对灌区内地下水影响农业生产的主要指标进行分析。选取氯化物、氟化物、硝酸盐、亚硝酸盐、总硬度、硫酸盐、溶解性总固体等指标进行分析。各指标分析结果如图5-1～图5-7所示。

从图5-1～图5-7可以看出，Ⅵ、Ⅶ分区的氯化物超出了Ⅱ类水标准但在Ⅲ类水以内，其余均在Ⅱ类水范围内，Ⅵ分区的备用井S-4在Ⅱ类水标准以上接近Ⅲ类水标准，Ⅶ分区的备用井S-7在Ⅱ类水以下接近Ⅱ类水标准，S-4在沿灌渠主方向上位于W-4和S-7之间；氟化物和溶解性总固体浓度含量各区之

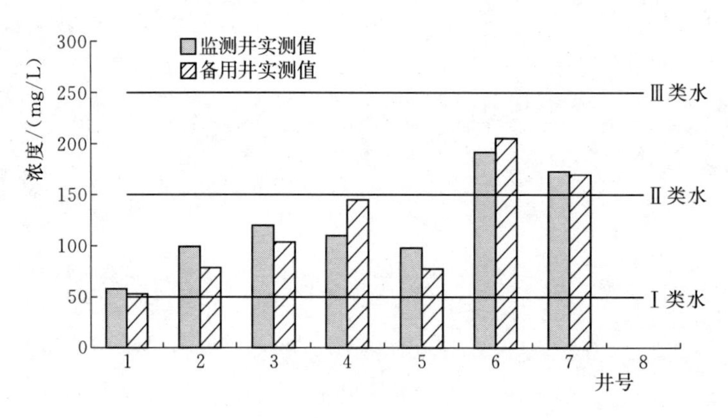

图 5-1 各井点氯化物浓度图

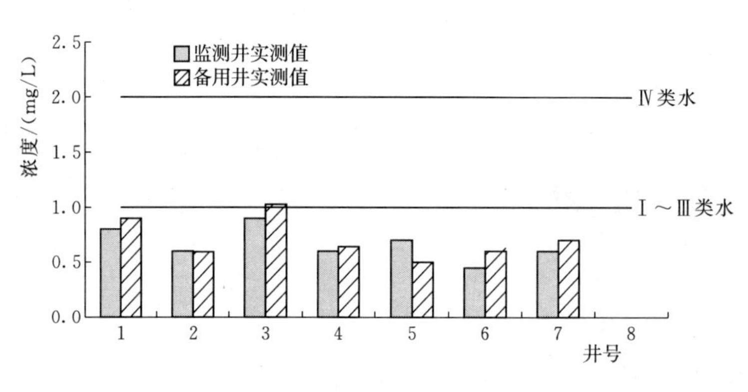

图 5-2 各井点氟化物浓度图

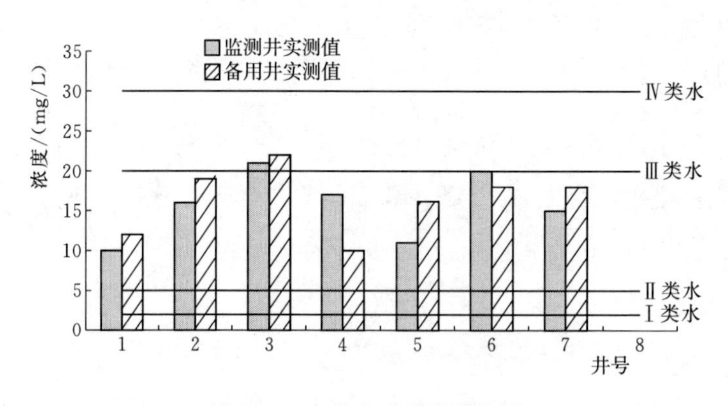

图 5-3 各井点硝酸盐浓度图

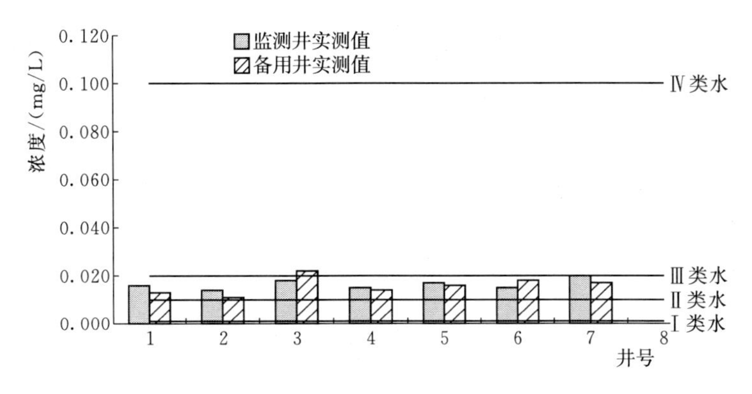

图 5-4　各井点亚硝酸盐浓度图

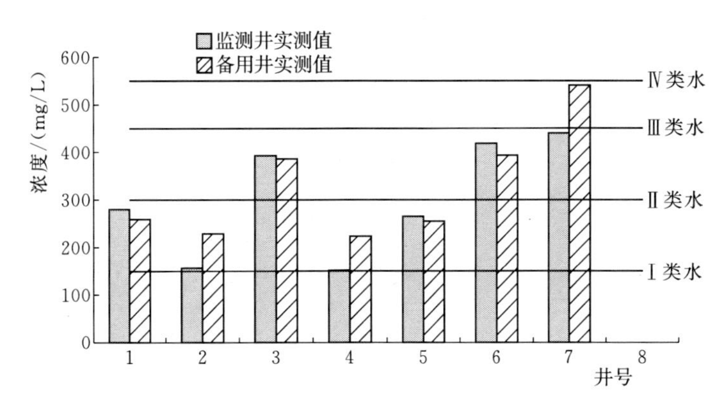

图 5-5　各井点总硬度浓度图

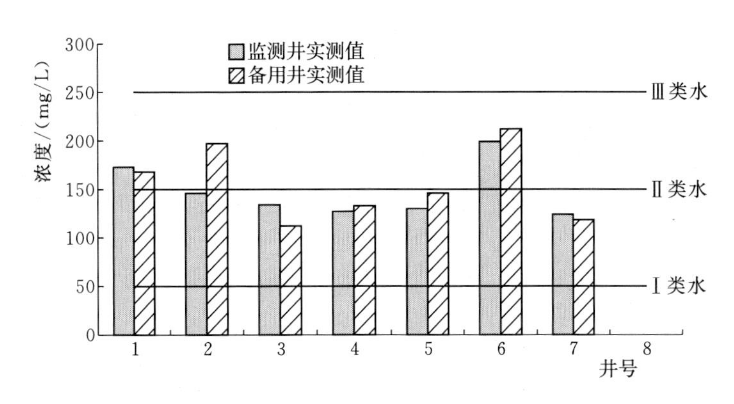

图 5-6　各井点硫酸盐浓度图

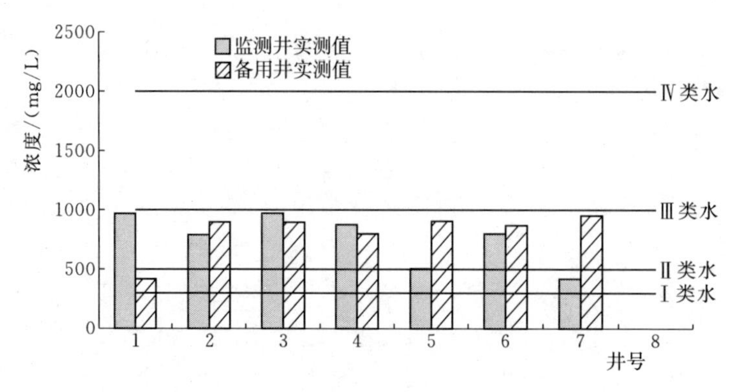

图5-7 各井点溶解性总固体浓度图

间变化不明显，氟化物各区基本满足Ⅰ类水标准。溶解性总固体浓度都在Ⅲ类标准以内。Ⅵ、Ⅶ分区的硝酸盐和亚硝酸盐稍高，而这两种化合物在各区内浓度较其他离子化合物较高，Ⅵ、Ⅶ分区的地势较平缓，与地下水汇流相关。另外Ⅶ分区的监测井和备用井在总硬度与溶解性总固体浓度上数值相差稍大，其他分区相差较小，Ⅶ分区内虽然各因素条件较为相似划分为一区，但监测井之间的距离相对较大，两井的水质数据相差稍大，但基本在合理范围内，其他指标差距不明显，可选用监测井水质数据代表该区域典型水质状况。在总硬度上，Ⅲ分区与周边Ⅰ、Ⅱ、Ⅳ分区在硝酸盐和总硬度上区分明显不同，其与差异变化无较明显突变现象，Ⅲ分区在背河洼地地貌区，地理位置相对偏离引黄主干渠。

人民胜利渠灌区内不同区域的地形地貌不同以及能够引用到的黄河水的水量、水质也不尽相同，沿主干渠走向方向上从上游到下游的地势、地下水水位等也相差较大。为了进一步了解地下水水质在空间的变化趋势，沿主干渠及部分支渠周边由西南向东北选择7个监测井点对指标因子浓度变化进行分析，各指标浓度变化如图5-8～图5-14所示。

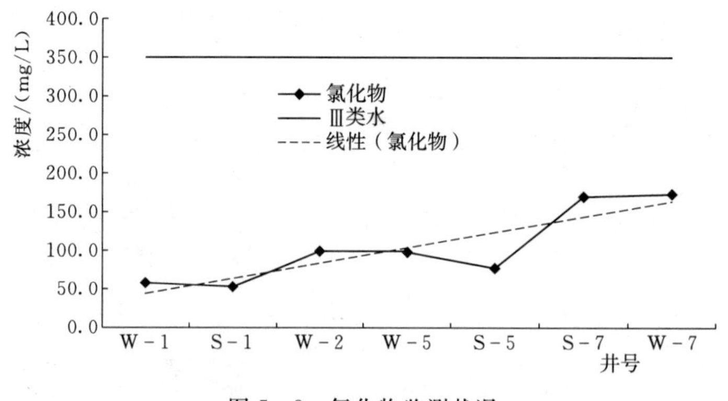

图5-8 氯化物监测状况

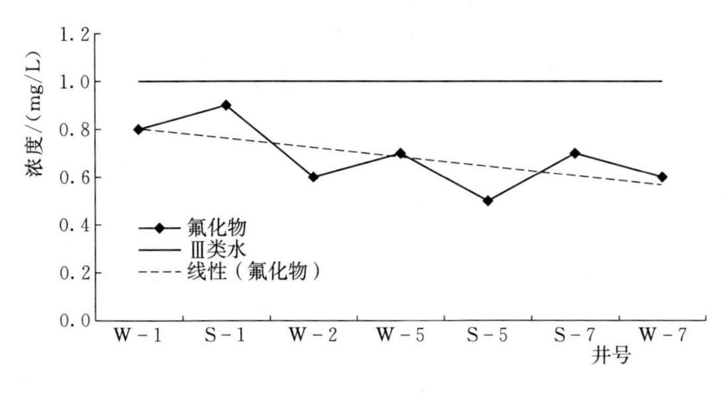

图 5-9 氟化物监测状况

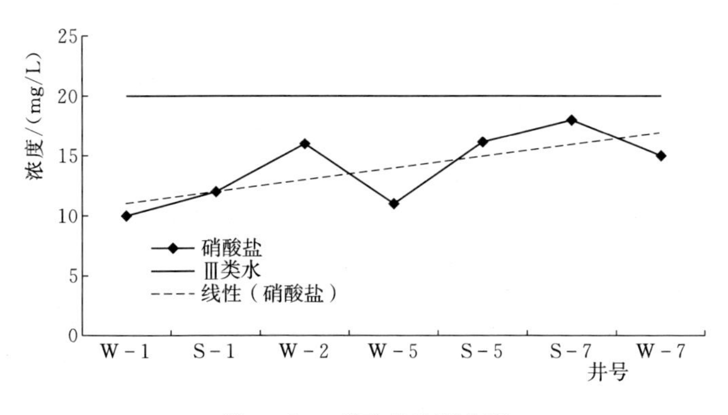

图 5-10 硝酸盐监测状况

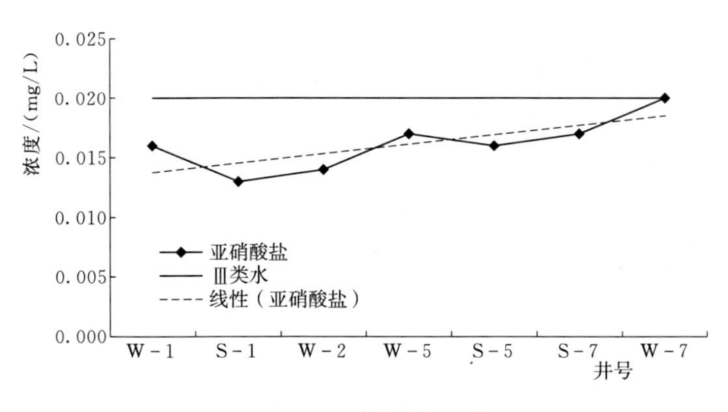

图 5-11 亚硝酸盐监测状况

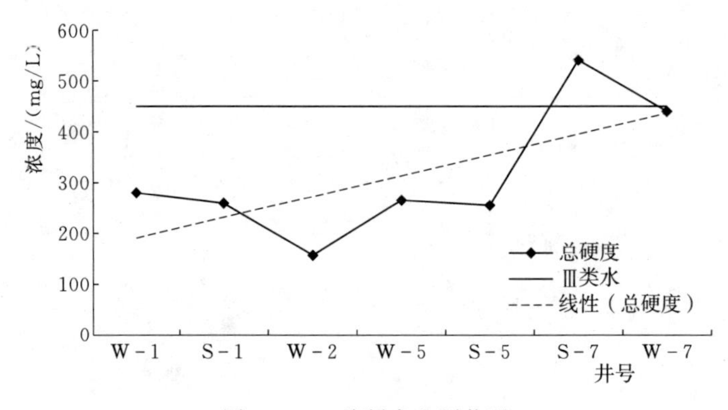

图 5-12 总硬度监测状况

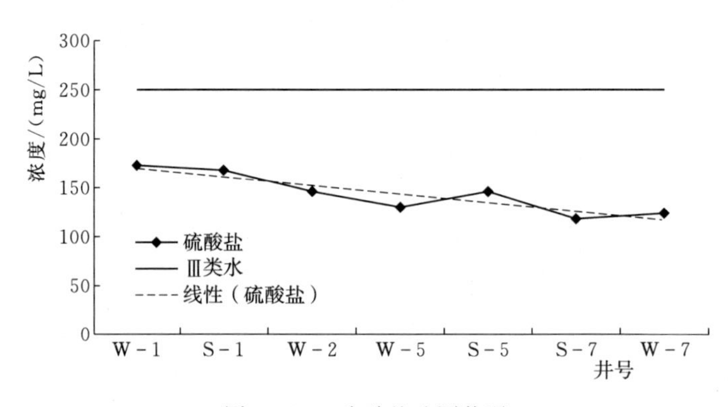

图 5-13 硫酸盐监测状况

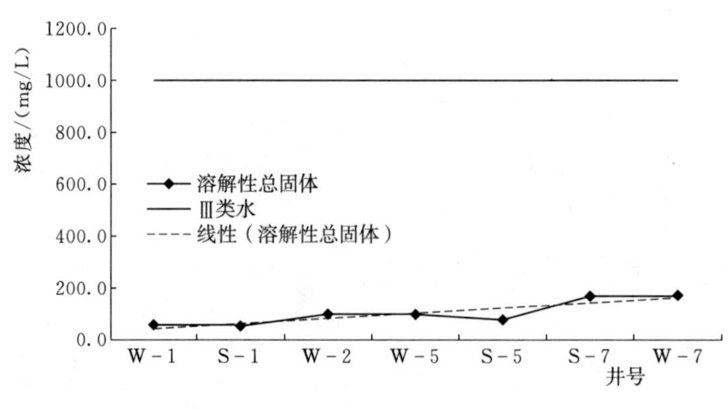

图 5-14 溶解性总固体监测状况

由图 5-8 ~图 5-14 可以看出，总硬度、氯化物、硫酸盐、硝酸盐、溶解性总固体以及氟化物等指标的浓度从灌区上游至下游有逐渐增高的趋势。硝酸盐和亚硝酸盐在部分井点的监测值超出了Ⅲ类水要求的标准，严重影响了区域内地下水水质，氯化物、亚硝酸盐沿灌区向下游浓度上升趋势显著；氟化物、硫酸盐的浓度呈下降趋势，这与灌区内上游端化工企业较为集中且离灌区较近有关。大部分灌区的指标均在Ⅲ类水浓度范围以内，灌区内个别指标浓度级别相对其指标的级别过高，制约着地下水水质等级的提高，不利于地下水水质改善，不利于灌区内农业生产活动和人们的身体健康。

5.2 地下水水质综合评价

水环境评价是为某一流域水环境质量进行开发、利用与管理提供依据而对流域环境进行要素分析，从定量与定性的方面对其进行描述，使人们对流域水环境质量基本情况有准确的把握，判断其未来发展的趋势，保证资源供给功能，维护与之相关的生态系统结构完整。地下水环境评价是针对地下水环境系统，从水量和水质两个方面出发，一般从水质方面研究的较多，对地下水的水量变化、水质现状及发展趋势进行评价预测，有利于维持其自身的自我恢复能力，促进形成地下水环境系统良性发展和人类生活生产和谐共处的良好局面。保持地下水水质良好、水组分稳定，可以提高地下水环境的自适应和自调控能力，也使其能在人工调节下持续发展，维持地质环境的稳定。

人民胜利渠灌区担负着国家的粮食生产重任，灌区内的农业生产活动是影响地下水水质不容忽视的因素，灌区内地下水水质的变迁对灌区内的粮食生产和人身安全尤为重要。根据人民胜利渠灌区自身的特点，有针对性地组建人民胜利渠灌区地下水水质评价体系，对影响灌区内地下水的各种因素实时分析，为灌区内地下水水质评价打下扎实的基础。

人民胜利渠灌区地下水环境的影响因素包括自然因素和人为因素。这两类因素的叠加迫使灌区内地下水系统状态发生变化，如果这种变化没有超过一定的阈值，系统通过与环境的物质、能量和信息的交换、通过自身的自净能力，恢复原有的功能，如果这两种因素的叠加超出地下水环境自我恢复能力，影响地下水环境的综合因素打破了地下水环境的稳定状态和恢复调节能力，则会导致地下水环境的恶化、崩溃，而地下水环境一旦破坏极难恢复。

影响人民胜利渠灌区地下水环境的自然因素主要包括气候、水文、土壤与植被、地质与地貌、水文地质条件、地下水补给量与水位埋深等。总体上看，自然环境的演变是一个相对缓慢的过程，对地下水环境的影响也需要经过一个相对较长的时期才能显现出来。

人为因素特别是灌区这一粮食主产区的农业生产活动，是造成灌区内地下水环境持续恶化的主要原因，同时也给农业生产带来危害。人为因素主要包括地下水灌溉的开采压力、灌区内引黄灌溉等不同水资源的利用条件、灌区内工农业地下水资源循环利用能力等因素。

人民胜利渠灌区地下水环境评价，主要从水质方面对地下水的质量进行全面的分析评价，建立一套地下水水质动态评价体系，对灌区内地下水水质进行实时评价，实时掌握灌区地下水水质动态，为保护和改善地下水环境，引导农业生产提供科学依据，同时确定导致地下水环境恶化的主要影响因素。

地下水水质动态评价，其最主要的功能就是客观实际地评价地下水水质发展趋势，引导灌区内地下水环境保护与恢复，有利于灌区做出更加实用有效的长期规划。及时了解灌区内环境和人类活动的变化及地下水水质的实时变化状态，通过地下水水质变化状况采取相应的措施加强对地下水环境的保护和恢复，通过保护措施产生的效应，观测地下水水质变化，进而确保灌区内地下水环境的良性发展。

5.2.1 评价指标体系

5.2.1.1 概念

指标是反映总体现象的特定概念和具体数值。任何指标都是从数量方面说明一定总体的某种属性和特征。通过一个具体的统计指标，可以认识所研究现象的某一特征。如果把若干有联系的指标结合在一起，就可以从多方面认识和说明一个比较复杂对象的许多特征及其规律性。指标体系由一系列反映主体特性的指标组成，指标间既彼此联系、又互相制约，组合在一起形成能够更加简洁、科学、完整地反映主体特性的总体。指标体系应具有系统性、科学性、目的性、理论性等特点。构建指标体系时，应使选用的所有指标形成一个具有层次性和内在联系的指标系统。

5.2.1.2 构建原则

由于直接或间接影响地下水环境的指标较多，既有自然性的指标又有社会性的指标，既有动态的指标又有静态的指标，既有定性的指标又有定量的指标，因而各指标体系应该具有一定的层次结构。同时在具有指标体系的一般性原则外，还应遵循以下几个原则：

（1）可行性与可操作性相结合。在地下水环境评价过程中，根据不同的研究区域建立的指标体系可能大不相同，但普遍存在操作性不强的问题。指标体系构建的最终目标是为便于分析和评价主体，在地下水环境评价中，指标体系的构建是为了更好地评价地下水环境或地下水水质状况，因此应在现有评价方法和手段的基础上，构建能够进行观测、测量对其可以量化处理的指标体系。避免过于复杂、庞大，不便于数据的获得和后期的评价；应避免引入含义不清的指标，以便于筛选时去除表达含义重复率过高的指标。因此指标体系应力求简洁明了，易于获取，科学全面易于操作评价。

(2) 动态性与静态性相结合。地下水环境作为一个系统，其地下水水质及水量状况随时间是不断变化的，是动态与静态的统一，所以综合评价指标体系也应该既要有静态指标，也要有动态指标，能够显示事件变化的发展趋势，不仅能反映地下水环境现状，还能对未来的发展变化趋势做出预测，使其能科学性地反映地下水环境演变的属性及其程度，且能从各个侧面反映评价对象的主要因素和由此产生的主要影响。

(3) 系统性与层次性相结合。灌区内地下水环境的影响因子是由不同层次、不同要素组成的，要求指标覆盖面较广，根据不同层次、不同要素指标间的特点及相互关系，从众多的影响因子和指标中，提取能全面概括地下水环境现状及发展演变趋势，并可衡量系统中各种联系的紧密程度及其整体效应的指标，使指标体系既具有不同的层次性又相互关联具有系统性。

(4) 敏感性与协调性相结合。指标的个数并不是越多越好。反映一个问题的指标不一定唯一，有些指标的变化对评价结果的影响不大，且可能在指标体系中与其他指标相矛盾，保留这些指标只能增加评价计算的难度，而对综合评价并无益处。把灵敏度不高或与其他指标矛盾且不好处理的指标删除，或组建一个指标间重叠以及矛盾不突出的指标集合，使各指标更加协调，指标体系更加简洁、灵敏。

5.2.1.3 指标体系的构建

影响人民胜利渠灌区地下水环境的因素较多，在这一以地表水作为灌溉水源的灌区，作物生长所需水分主要靠地表水，灌溉水回归补给地下水，地下水环境的变迁与灌溉水的污染息息相关，国内外许多研究表明地表水和地下水中氮含量的增加主要源于施入农田氮肥的淋失。为了加大粮食产量，灌区内农药的过量使用不仅浪费了农药，而且高毒、高残留农药会污染土壤，并随径流进入水体，影响地表水、地下水等。结合灌区内的灌溉机制及不同的地质条件，发现灌区内的灌溉方式大多粗放，机制不够健全。一些研究表明，在一定的土壤质地条件下，NO_3^-—N 的淋失损失与灌溉水的渗漏量呈明显的正相关关系。

地下水系统与农业生产、地表径流、引黄灌溉、工业企业布局和生产有着不可分割的关系，指标体系构建应充分考虑它们之间开发利用以及补给等相互作用过程。水在地下水环境、地表水环境、土壤环境以及地表耕作环境之间循环的过程中，水质以水循环为载体，在不同的生态系统中循环转变，使不同的环境圈相互制约相互发展。只有综合考虑，从全局因素出发，抓住影响地下水环境近期和长期以及直接和间接的关键因素，才有利于更加准确地分析灌区内地下水水质演变趋势以及促进形成一个良好的生态系统循环体。地下水环境与各环境系统体系之间的相互作用关系如图 5-15～图 5-17 所示。

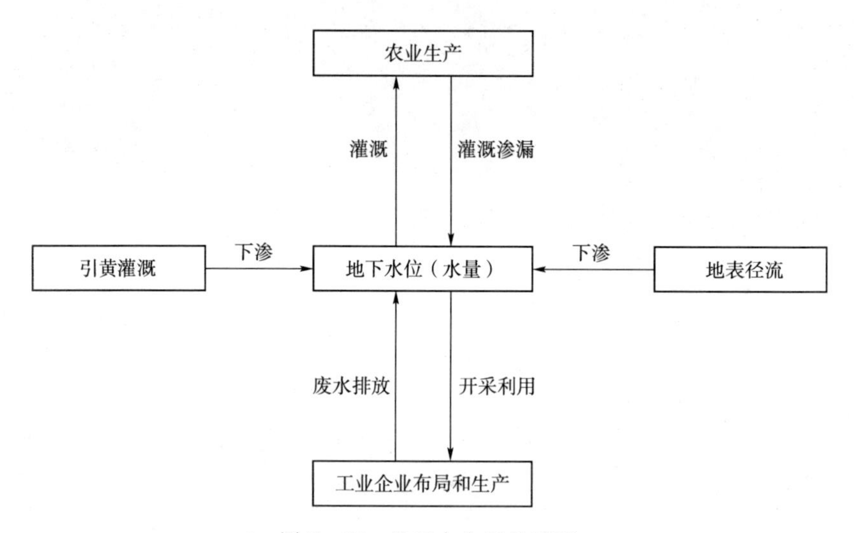

图 5-15　地下水水量关系图

由图 5-15 可以看出，地下水的水位变化是反映地下水水量的直观性指标，灌区内大量的农业和工业生产活动需要开采大量的地下水资源，同时灌区内的引黄或引用地下水灌溉，又会使部分灌溉水重新渗入到地下补给地下水，以及灌区内的自然降雨、河流等地表水资源的下渗对地下水的补源作用也会对地下水产生较大的影响。

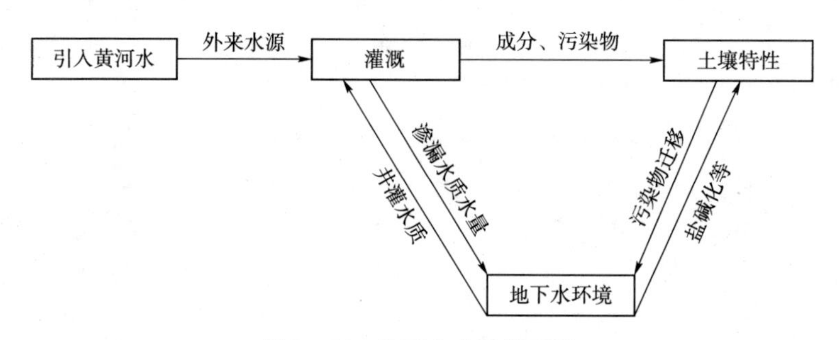

图 5-16　地下水水质关系图

由图 5-16 可以看出，地下水水质的变迁与地下水水质本身的质量和输移到地下水中的污染物量有关，污染物一般伴随着水体的下渗进入地下水体，所以

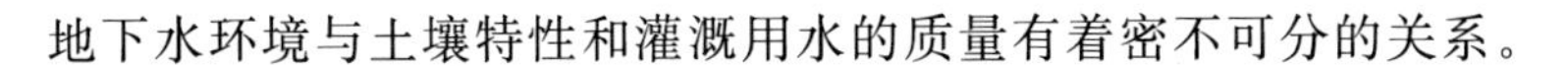
地下水环境与土壤特性和灌溉用水的质量有着密不可分的关系。

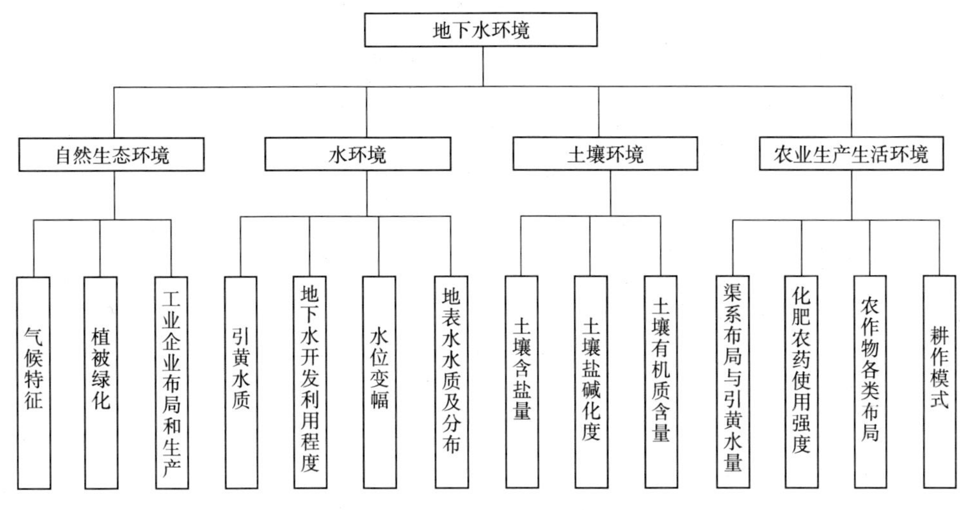

图 5-17　地下水环境影响因子

从图 5-17 可以看出，通过分析水环境、土壤环境、自然生态环境以及农业生产生活环境对地下水环境的影响作用，可以得到影响区域内地下水环境的主要因素。

根据指标体系的确定原则以及对灌区影响较大的几种因素，结合 GB/T 15218—1994《地下水资源分类分级标准》、GB/T 14848—2019《地下水质量标准》、GB 5084—2005《农田灌溉水质标准》，结合人民胜利渠灌区的实际情况，从自然状态、水环境、土壤环境和灌区环境等方面选取指标，构建指标体系。

在具体评价中为了将不确定数学模型应用于灌区内地下水水质评价中，本书注重调查研究和指标的量化，在选用指标时主要选用一些对地下水水质有直接决定性作用的指标，以及在灌区内地下水水质演变过程中起着主导作用的指标作为评价指标体系，做好灌区内地下水水质动态评价，掌握灌区内地下水水质现状及发展趋势，为灌区内引黄灌溉和整个生态系统的循环变迁对地下水的影响及其之间的相互作用研究打下基础，进而有利于探寻与地下水环境演变有关的间接指标因素，引导灌区地下水水质保护与治理措施的制定和实施。综上因素，评价过程中选用了氯化物、氟化物、氨氮、硝酸盐、亚硝酸盐、总硬度、硫酸盐以及溶解性总固体等作为评价的主要指标。

5.2.2　评价方法

在地下水水质评价中，地下水监测数据的准确性是基础，评价工具和评价方法的合理性是客观反映地下水水质类别的关键因素。随着地下水水质评价的研究进展，目前已经提出了较多针对地下水水质评价的模型和方法。地下水水质的变化本身具有复杂性，不只是单个因子作用的累加，水质影响因子间及其与地下水水质等级间的这种复杂多变的关系给地下水水质评价带来了困难，是目前评价方法研究的重点，也是制约评价方法和模型发展的巨大阻力。而且地下水体水质的变化从数学的角度考虑是一个模糊性问题，在水质的界定和水质的变化上模糊性较强，况且地下水环境又是一个系统性问题，其变化不但具有自我因素演变的牵连性，还与地表水环境系统、土壤环境系统等相互发展、相互制约，所以其水质的评价又具有多变性和随机性。目前还没有产生一个可以广泛使用的评价方法或模型。

对现有的评价方法进行归类，大致可以分为单项因子评价法和综合评价法。

单项因子评价法主要针对每一个指标进行分别评价，从每一个指标的评价结果分析水质污染程度。该方法操作简单、计算方便，对每一个污染指标的浓度和主要的分布区域可以在评价结果中明确地看到，主要反映的是单个指标的状况，所以不对影响指标间的相互作用加以考虑，但不能全面客观地评价水体的总体污染状况，可能会使评价结果精度变幅较大，有时不符合客观实际。

综合评价法弥补了单项因子评价法中没有综合考虑指标间相互作用的缺陷，将多个影响指标因子融入评价指标体系，综合考虑指标的影响作用，通过对影响因素的综合评价实现水质的评价，具有一定的综合性，但是评价过程中由于过于看中指标间的综合作用，对单个影响指标的作用考虑的成分相对较少，不利于个别影响指标出现过于超标情况的评价。

随着科学技术的不断发展，不同领域知识与方法的不断交叉、融合，综合评价理论因其自身的兼容性，使得综合评价模型常常可以吸收到运筹学、模糊数学、数据挖掘、管理科学与最优化算法等不同学科的多种方法之所长。系统的组成以“功能”为准则和以“目标”为导向，只要是能用于综合评价的方法都可以看作为系统的成员。因此，综合评价作为一个多学科边缘交叉、相互渗透、多点支撑的新兴研究领域被专家和学者所推崇。

当前，评价对象系统日益复杂化、多目标化、大型化、智能化和集成化，常规的综合评价方法，如专家评价法、综合指数法、线性规划法、层次分析法等已难以胜任复杂多目标系统评价问题中所涉及的多层次、多因子的问题。目前，灰色聚类法、投影寻踪评价法、模糊综合评判法、人工神经网络模型、综合指数法、组合评价成为解决实际评价的新的有效方法。

(1) 灰色聚类法。灰色聚类法这一灰色系统概念，是我国邓聚龙教授根据

“灰箱”概念拓展而来的。灰色系统是指部分信息清楚，不仅对机制关系、模型等完全清楚的技术系统，也可进行灰色预测的提前控制，这则是由白到灰的方法。

灰色系统理论以“部分信息已知，部分信息未知”的“小样本”“贫信息”不确定性系统为研究对象，其特点是“少数据建模”，主要通过对“部分”已知信息的生成、开发，提取有价值的信息，实现对系统运行行为、演化规律的正确描述和有效监控。与模糊数学不同的是，灰色系统理论着重研究“外延明确，内涵不明确”的对象。

灰色聚类法的优点是对采集的数据信息利用率较高，精度也相对较高，考虑到了水质评价中地下水水质具有的模糊性和水体污染的不确定性，对属性的量化采用隶属函数的方法，提高量化的客观实际性。但是当污染物的空间分布过于分散时，可能因模型采用“降半梯形”形式，处理数据信息时，因其相邻级别之间的隶属关系不明显而使数据丢失，可能忽略掉主要影响因素，不利于评价结果的客观性。在评价过程中给影响指标进行赋权时应选适宜的赋权方法，避免因影响指标的赋权不符合客观实际而影响评价结果。

(2) 模糊综合评判法。模糊综合评判法以模糊数学为基础，针对传统数学方法中“唯一解”的弊端，可以有效评价客观事物的差异在中介过渡时所呈现的“亦此亦彼”性状态。有时，从一个等级到另一个等级间没有一个明确的分界，中间经历了一个从量变到质变的连续过渡过程，这个现象叫做中介过渡。而模糊数学理论的优势即在于解决“内涵明确，外延不明确”的“认知不确定”问题。

模糊综合评价则可应用模糊关系合成的原理，将一些边界不清、不易定量的因素定量化，从多个因素对被评价事物隶属等级状况进行综合性评价。但不足之处是其本身并不能解决评价指标间相关造成的评价信息重复问题，隶属函数的确定还没有系统的方法。

(3) 人工神经网络模型。人工神经网络的评价方法通过算法学习或训练获取知识，并存储在神经元的权值中，通过联想使相关信息复现，能够“揣摩”“提炼”评价对象本身的客观规律，进行对相同属性评价对象的评价。由于智能模型评价方法具有自适应能力、可容错性，能够处理非线性、非局域性与非凸性的大型复杂系统。

人工神经网络模型的优点就是具有自学习能力以及自适应的能力，能够在无人为干预的情况下，自助获得地下水水质影响指标的权重，计算和操作简单，并且可以通过修改模型输入的节点数以及输出的节点数，以及修改评价指标和评价所用的等级等，更加方便灵活地应用到下次的评价中，而且一旦对标准训练完成，便可以通过计算机软件进行样本的评价，减少了评价的工作量。其缺点是：如评价过程中极易因陷入局部极小点而无法得到全局最优解；网络收敛速度比较慢；由于评价网络的隐层和隐层节点个数的选取，现在还未形成科学的理论体系，评价过程中通过采用样本即地下水水质评价标准对模型进行训练，这就使训练模型时样本的数量较少，不能很好地训练网格，使其对实测样本进行评价时误差加大。综合国内外专家对该方面的研究发现，目前学者们对人工神经网络模型进行了改进，其中主要采用最小均方根差、试错法、应用浮点遗传算法等方法对隐层单元数的确定和连接权进行改进和优化等。

（4）综合指数法。综合指数法将各项经济效益指标转化为同度量的个体指数，便于将各项经济效益指标综合起来，以综合经济效益指数为企业间综合经济效益评比排序的依据。各项指标的权数是由其重要程度决定的，体现了各项指标在经济效益综合值中作用的大小。综合指数法的基本思路则是利用层次分析法计算的权重和模糊评判法取得的数值进行累乘，然后相加，最后计算出经济效益指标的综合评价指数。

综合指数法的优点是在评价过程中主要对地下水水质影响指标进行指数加权平均，计算出地下水质综合指数，计算简单易懂，在评价工作中可以快速明了地确定地下水水质类别。其缺点是对地下水水质污染的模糊性考虑不足，可能出现单因子的影响指标值过高时超出了设定标准，达到了污染级别，而在进行综合指标计算时综合指标可能合理，从而掩盖了地下水质污染的事实，使评价结果不能客观反映地下水的水质状况。由此可以看出综合指数法对地下水污染的模糊性灵敏性不足，在评价相近污染水体时也不能很好地做出区分，评价结果不明确、客观。

综合上述各种方法的优点和缺点可以发现，目前还没有建立一种可以适用于任何一个地区地下水水质评价的科学合理的模型，当前建立的模型，对地下水水质的评价结果和对水质的等级划分精度不高，不利于研究地下水水质从一个水质级别演变到另一个水质级别时的相关性因素和演变机理。

5.2.2.1 模糊物元法

（1）复合模糊物元模型与模糊物元模型的构成。在利用模糊物元计算分析的过程中，要评价的对象设为 M，其特征表示为 C，特征和其量值 x 共同构成物元 $R=(M,C,x)$ 或 $R=[M,C,C(M)]$，这里把评价对象的名称、特征和量值称为物元评价模型的三要素。倘若模糊物元模型中的量值 x 具有一定的模糊性，则称其为模糊物元。评价对象 M 有 n 个特征 $C_1,C_2,\cdots,C_n$，将其对应的量值表示为 $x_1,x_2,\cdots,x_n$，则称 R 为 n 维模糊物元。m 个对象的 n 维物元组合在一

起，则构成了 m 个对象的 n 维复合模糊物元 R_{mn} ，即

$$R_{mn}=\begin{bmatrix} & M_1 & M_2 & \cdots & M_m \\ C_1 & x_{11} & x_{21} & \cdots & x_{m1} \\ C_2 & x_{12} & x_{22} & \cdots & x_{m2} \\ \vdots & \vdots & \vdots & & \vdots \\ C_n & x_{1n} & x_{2n} & \cdots & x_{mn} \end{bmatrix} \tag{5-1}$$

式中：R_{mn} 为 m 个事物的 n 个模糊特征的复合物元；M_i 为第 i 个事物（$i=1,2,\cdots,m$）；C_j 为第 j 个特征（$j=1,2,\cdots,n$）；x_{ij} 为第 i 个事物第 j 个特征对应的模糊量值。

（2）从优隶属度模糊物元的构成。每个评价的单项指标对应的模糊量值从属于标准方案各对应评价指标相应的模糊量值的隶属程度，称为从优隶属度。一般情况下从优隶属度为正值，由此建立的原则，称为从优隶属度原则。在评价的指标中对于评价的对象难免会出现：有的指标值越大对于评价对象越有利，即评价对象越优；有的指标越大则对于评价对象来说越不利，即评价对象越差。因此，针对这两种指标的不同隶属度要分别采用不同的计算公式处理，而计算隶属度的公式较多。为了更鲜明地反映这两种指标的相对性，采用如下计算公式：

越大越优型指标计算： $$\mu_{ij}=X_{ij}/\max X_{ij} \tag{5-2}$$

越小越优型指标计算： $$\mu_{ij}=\min X_{ij}/X_{ij} \tag{5-3}$$

式中：μ_{ij} 为从优隶属度；$\max X_{ij}$ 、$\min X_{ij}$ 分别为各对象中每一个评价指标所有值中的最大值和最小值。

进而可以构建从优隶属度模糊物元 $\widetilde{R}_{mn}$ ：

$$\widetilde{R}_{mn}=\begin{bmatrix} & M_1 & M_2 & \cdots & M_m \\ C_1 & \mu_{11} & \mu_{21} & \cdots & \mu_{m1} \\ C_2 & \mu_{12} & \mu_{22} & \cdots & \mu_{m2} \\ \vdots & \vdots & \vdots & & \vdots \\ C_n & \mu_{1n} & \mu_{2n} & \cdots & \mu_{mn} \end{bmatrix} \tag{5-4}$$

（3）标准模糊物元模型和差平方复合模糊物元模型。标准模糊物元模型 R_{0n} 是由从优隶属度模糊物元模型 $\widetilde{R}_{mn}$ 中各个评价指标的从优隶属度的最大值或最小值。以最大值作为最优，则各个指标的从优隶属度均为 1。

如果用 $\Delta_{ij}(i=1,2,\cdots,n;j=1,2,\cdots,m)$ 表示标准模糊物元模型 R_{0n} 与复合从优隶属度模糊物元模型 $\widetilde{R}_{mn}$ 中各项差的平方，则组成差平方复合模糊物元模型 R_{Δ} ，即 $\Delta_{ij}=(\mu_{0j}-\mu_{ij})^2$ ，如下所示：

$$R_{\Delta} = \begin{bmatrix} & M_1 & M_2 & \cdots & M_m \\ C_1 & \Delta_{11} & \Delta_{21} & \cdots & \Delta_{m1} \\ C_2 & \Delta_{12} & \Delta_{22} & \cdots & \Delta_{m2} \\ \vdots & \vdots & \vdots & & \vdots \\ C_n & \Delta_{1n} & \Delta_{2n} & \cdots & \Delta_{mn} \end{bmatrix} \tag{5-5}$$

（4）贴近度与评价。贴近度是指被评价对象与标准样品对象两者之间相互接近的程度，贴近度越大表示两者越接近，越小则表示相离越远。因此，可以根据贴近度的大小对各评价对象进行从优到劣或从劣到优的排序，也可以根据标准值的贴近度进行类别划分。这里采用欧氏贴近度 ρH_j 作为评价标准，运用先乘后加的算法来计算和构建贴近度复合模糊物元 $R_{\rho H}$ ：

$$R_{\rho H} = \begin{bmatrix} & M_1 & M_2 & \cdots & M_m \\ \rho H_j & \rho H_1 & \rho H_2 & \cdots & \rho H_m \end{bmatrix} \tag{5-6}$$

其中
$$\rho H_j = 1 - \sqrt{\sum_{i=1}^{n} \omega_i \Delta_{ij}} \quad (j = 1,2,\cdots,m)$$

5.2.2.2 改进的熵权法模型

将水质评价的五个级别分别看作为五个不同区域的监测值，灌区内不同区域内的监测井点代表具有不同自身属性的小型区域，$X_j(j=1，2，3，\cdots)$ 分别代表不同的区域，选取的 i 个指标表示为 X_1，X_2，…，X_i，则第 j 个区域 X_j 的第 i 个指标 X_j 的属性值可表示为 X_{ij}。熵是一个热力学概念，用来度量系统运动的混乱或无序的程度。控制论的主要创立者维纳曾对熵进行了这样定义：“信息量是一个可以看作概率量的对数的负数，它实质上就是熵。”这实际上就推广了原来热力学熵的概念。信息熵反映的是信息的无序化程度，也就是有序的信息源，信息熵越小，系统无序化程度越小，信息的效用值越大；有序的信息源信息熵也就会越大，系统无序化程度越大，信息的效用值就越小。决策矩阵原本是一种信息的载体，所以可以运用信息熵评价获取系统信息的有序度及其效用。因此利用信息熵模型计算各指标的权重，其本质就是利用该指标信息的效用值来计算的，效用值越高，其对评价的重要性越大。更加客观地筛选出较为重要的指标，在不失评价结果准确度的基础上最大限度地压缩评价指标体系。在充分分析熵权评价法的基础上，对熵权评价时指标归一化处理过程中数域不可拓进行了改进，提出了区域生态环境脆弱性评价的改进熵权模型，用改进的熵权法评价模型的计算步骤如下。

在评价过程中，由于不同的指标具有不同的量纲，不同的量纲间不具有可比性，为了将指标数据引用到评价中来，需要对指标数据标准化，熵权法进行评价时常用到数据标准化方法主要有极差变换法、线型比例变化法、向量归一化法。极差变换法，忽略了决策矩阵中的指标值的差异性，无法客观反映原始指标间的相互关系；线型比例变化法，要求指标值大于等于零，若存在负值则不再适用；向量归一化法，正逆向指标的方向没有发生变化，使评价较为困难等。z－score 法对最大值最小值不确定或有超出取值范围的离散数据适应性强，这里采用 z－score 法对原数据进行标准化处理，其公式为

$$x_{ij}=(X_{ij}-X_i)/S_i \tag{5-7}$$

式中：x_{ij} 为第 j 个区域第 i 个标准化后的数据；X_{ij} 为原始数据；X_i 为第 i 项指标的平均数据；S_i 为第 i 项指标的标准差。

为了避免指标值的正负交错，引起指标比重计算不准确，采用坐标平移的方式确保指标值为正值，其公式为

$$x'_{ij}=x_{ij}+A \tag{5-8}$$

式中：x'_{ij} 为标准数据平移后的值，$x'_{ij}>0$；A 为平移幅度，$A>|\min(x_{ij})|$，A 的取值越接近 $|\min(x_{ij})|$，其评价结果越显著。

确定指标比重，其公式为

$$P_{ij}=x'_{ij}/\sum_{j=1}^{n}x'_{ij} \tag{5-9}$$

式中：P_{ij} 为各个数据值 x'_{ij} 的比重值。

推算各指标熵值公式为

$$e_i=-k\sum P_{ij}\ln(P_{ij}) \tag{5-10}$$

式中：e_i 为第 i 个指标的熵值；k 为大于零的正数，设定 $k=1/\ln(n)$，确保 $0\leqslant e_i\leqslant 1$。

求各指标之间的差异系数 g_i，熵值越小指标间差异系数越大，指标就越重要。其公式为

$$g_i=1-e_i \tag{5-11}$$

确定指标权重。推算各指标权重 w_i，其公式为

$$w_i=j_i/\sum_{i=1}^{m}g_i \tag{5-12}$$

确定综合指数。推算第 j 个区域的生态环境脆弱性综合指数 V_j，其公式为

$$V_j=\sum_{i=1}^{m}w_iP_{ij}+\sum_{k=1}^{n}w_k(1-P_{kj}) \tag{5-13}$$

式中：w_i 为第 i 个正指标的权重；P_{ij} 为第 i 个正指标的标准值；w_k 为第 k 个逆指标的权重；P_k 为第 k 个逆指标的标准化值。

根据综合指数值越大越优的原则，将不同区域的水质进行排序，并将评价区域的综合值与五个等级的综合值进行比较最终得到不同区域的水质等级。

取监测点数据应用改进熵权法评价模型进行灌区地下水水质评价。

5.2.3 评价标准

评价指标确定后，就需要明确各项指标的等级标准，对地下水环境的状况进行评价。而评价标准的确定，就是要建立起一套衡量地下水环境状况的定量参照体系，通过评价指标定量地划分地下水环境的等级。

水质评价标准的制定需要结合评价区域的具体情况，所评价区域的自然环境、社会经济发展状况，以及当前所具备的监测技术和评价手段。在国外，水质评价标准的提出相对较早，1914 年美国首先制定了一个关于饮用水的水质衡量标准，由于这是人类早期对饮用水水质标准的萌芽，标准规定的指标较少，指标标准也较低，主要对饮用水中病原微生物、悬浮物、水中溶氧以及水温和水的 pH 值等有所规定，尽管当时的水质标准还不能称之为标准，也只是涉及饮用水，但已标志着人类对水质的认识和要求已开始发展，不同国家和地区开始针对自身的环境和科学技术发展状况，制定水质标准，用水安全引起人们注意，随着人类水质监测水平的不断提高和人民对于生产生活用水水质的不断提高，水质标准也不断成熟，一些国家和地区对区域内的水质已经开始高度重视，开始了水质的监测和评价，在水质发展较早的美国已经开始通过法律限制，要定期进行行政区域内的水质监测，对水质的指标和标准进行增设指标和完善指标标准水平，美国的“清洁水法”就是要求对水质标准不断完善的典型政策。从初期的简易指标判断到现今的水质标准等级分类，从几个指示指标已发展到现今的针对不同形式的水资源及用于不同方面的水质标准。我国的水质标准发展起步于 1949 年，对水质标准的认识和起步虽然相对于西方国家较晚，但我国水质评价标准发展成长迅速，至今已经出台了适用于不同领域的水质质量标准，如 GB 3838《地表水环境质量标准》、GB/T 14848《地下水质量标准》、GB 5084《农田灌溉水质标准》、GB 5749《生活饮用水卫生标准》、GB 3097《海水水质标准》等，这些标准的建立为我国的水质评价和发展提供了有力法律依据，也使我国在水质评价方面快速发展，有利于人们的生存环境改善和人体健康。

随着社会的发展，工农业生产在为人们提供了丰富物质享受的同时也给环境带来了大量成分复杂的污染物质。人们清楚地认识到现行水质标准中仍有很多不足。与美国及世界卫生组织制定的生活饮用水水质标准，进行分析和比较，我国的评价标准虽然将化学指标按感官性状和一般化学指标、毒理学指标进行了划分，直观明了，具有一定的优点，但我国的评价标准仍有很多不足之处，指标总量还远远少于世界卫生组织和美国标准；对指标值超出标准后会对人体产生的具体影响表现得不够具体；对一些指标的标准值限定得过低；对一些毒性指标，铍、铊等还不能做到精确测量，仍未引起人们的高度重视；国内现有的标准还没有明确因污染物之间生成的易于在人体内富集的混合污染物在低于标准时的级别；对一些人体必需的氟、碘和硒等元素在标准内不同浓度时对人体的利弊等。

因此，对现有标准的完善工作任重而道远，在国内外所开展的地下水环境的研究中还没有形成成熟的、公认的评价标准。本书尝试从所研究内容的实际情况着手，按照可持续发展的内涵和要求，建立起一套衡量人民胜利渠灌区地下水水质状况的评价标准。

在制定诊断指标标准值时，必须遵循以下两个原则：

（1）定量化，量化地下水环境的特征或是其环境功能特性。如果不能定性化指标则无法客观地进行综合计算，所得到的地下水环境的状态也无法直观地表述。

（2）针对性，所建立的评价标准具有一定的针对性，兼顾考虑国家标准、行业标准和类比标准等，符合人民胜利渠灌区的区域状况。

灌区地下水水质评价以国家制定的相关地下水水质评价标准为依据，将地下水水质的优劣转化为定量的可比数据，最后将这些定量的结果划分等级，以表明地下水污染程度。如：

1）国家、行业颁布的有关标准。如 GB/T 15218《地下水资源分类分级标准》、GB/T 14848《地下水质量标准》、GB 5084《农田灌溉水质标准》等。

2）类比标准。根据评价内容和要求，科学选取、参考当地或相似条件下科学研究中已判定的评价标准。

在参照相关标准和研究成果的基础上，结合研究区地质条件、气象气候条件、土壤环境及灌区环境等对地下水环境产生影响的实际情况和特点，同时根据不同的评价方法和手段的原理，划分所筛选指标的等级标准。

根据模糊物元模型和改进的熵权法模型结合上述影响因素拟定适于评价体系的地下水水质等级标准。

模糊物元模型的评价标准：由于地下水分类标准的Ⅳ级与Ⅴ级标准的界值是同一个值，规定了小于等于该值为Ⅳ级水，大于该值为Ⅴ级水。而地下水水质标准的划分一般是指一个浓度区间。在模糊物元模型评价的过程中，最终计算的贴近度是评价因子综合要素贴近评价标准的原则，为了更加切合实际地符合这一评价要求，同时遵循从优不从劣的原则，结合人民胜利渠灌区的特殊状况，对地下水水质评价沿用五级分类，对不同级别的指标要求做适当的调整，以利于提高评价模型的精准度。Ⅰ类水标准的临界值作为Ⅰ类水的分级值，Ⅱ类水的分级值取为Ⅰ类水和Ⅱ类水标准临界值的中值或中值偏优值，其余类推，将Ⅴ类水的临界值作为Ⅴ类水的分级值。模糊物元模型评价标准见表 5－1。

表 5－1 模糊物元模型评价标准

序号		1	2	3	4	5	6	7	8
指标		氯化物	氟化物	氨氮	硝酸盐	亚硝酸盐	总硬度	硫酸盐	溶解性总固体
水质类别	Ⅰ	50	1.0	0.02	2	0.001	150	50	300
	Ⅱ	90	1.0	0.02	3	0.005	220	90	390
	Ⅲ	190	1.0	0.20	12	0.015	370	190	750
	Ⅳ	300	1.3	0.30	25	0.050	500	300	1500
	Ⅴ	350	2.0	0.50	30	0.100	550	350	2000

改进的熵权法模型评价标准：在改进的熵权法模型中最终利用综合评价指数的大小来评价地下水水质级别，即超过一定界值就为下一分级，因此基于地下水水质标准和从优不从劣的原则，将Ⅴ级的临界值大幅度降低。改进的熵权法模型评价标准见表 5－2。

表 5－2 改进的熵权法模型评价标准

序号		1	2	3	4	5	6	7	8
指标		氯化物	氟化物	氨氮	硝酸盐	亚硝酸盐	总硬度	硫酸盐	溶解性总固体
水质类别	Ⅰ	50	1.0	0.02	2	0.001	150	50	300
	Ⅱ	150	1.0	0.02	5	0.010	300	150	500
	Ⅲ	250	1.0	0.20	20	0.020	450	250	1000
	Ⅳ	350	2.0	0.50	30	0.100	550	350	2000
	Ⅴ	600	4.5	1.00	60	0.300	1100	600	5000

5.2.4 水质时空动态评价

1. 灌区地下水水质动态评价

采用历史资料对灌区历年地下水水质状况进行评价，由于历年对灌区内专门的地下水水质监测不够重视，专用的监测井不多，监测井点不成体系，数据连续性不好，本研究在现有可收集数据的基础上，对灌区地下水历年监测数据进行年度平均，以整个灌区为研究单元，选用 2004—2013 年现有的监测数据进行地下水水质评价。

根据制定的模糊物元模型评价标准通过模糊物元模型进行计算。

求得最终的贴近度 ρH_j 见表 5－3，贴近度趋势图如图 5－18 所示。

表 5-3　　贴近度计算结果

区域	Ⅰ	Ⅱ	Ⅲ	Ⅳ	Ⅴ	2004	2005	2006
贴近度	0.5076	0.4527	0.4823	0.4720	0.3678	0.3729	0.2725	0.3001
区域	2007	2008	2009	2010	2011	2012	2013	
贴近度	0.2604	0.2646	0.5076	0.4527	0.4823	0.4720	0.3678	

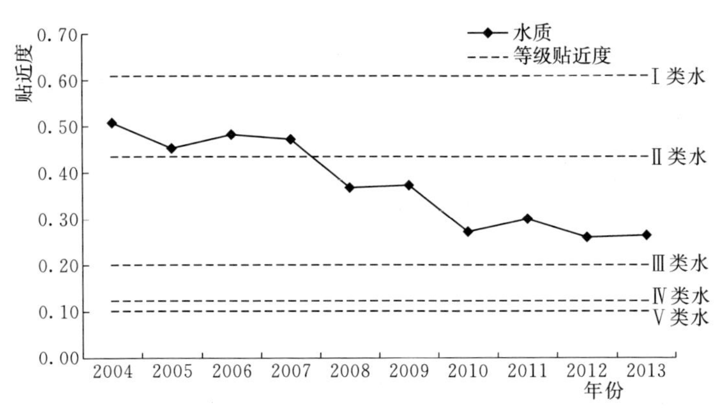

图 5-18　贴近度趋势图

同样根据制定的改进的熵权法模型的评价标准进行地下水水质评价，参数计算结果见表 5-4，水质综合指数见表 5-5，计算结果直方图如图 5-19 所示。

表 5-4　　参数计算结果

计算参数	氯化物	氟化物	氨氮	硝酸盐	亚硝酸盐	总硬度	硫酸盐	溶解性总固体
指标熵值 e_i	1.2418	1.2470	1.2471	1.2461	1.2498	1.2437	1.2389	1.2485
差异系数 g_i	−0.2418	−0.2470	−0.2471	−0.2461	−0.2498	−0.2437	−0.2389	−0.2485
指标权重 w_i	0.1232	0.1258	0.1259	0.1254	0.1273	0.1242	0.1217	0.1266

表 5-5　　各区内的地下水水质综合指数

区域	Ⅰ级	Ⅱ级	Ⅲ级	Ⅳ级	Ⅴ级	2004	2005	2006
指数	0.9561	0.9441	0.9239	0.8931	0.8109	0.9545	0.9547	0.9540
区域	2007	2008	2009	2010	2011	2012	2013	
指数	0.9524	0.9490	0.9448	0.9416	0.9461	0.9384	0.9365	

从模糊物元模型和改进的熵权法模型的计算结果可以看出，两种方法的计

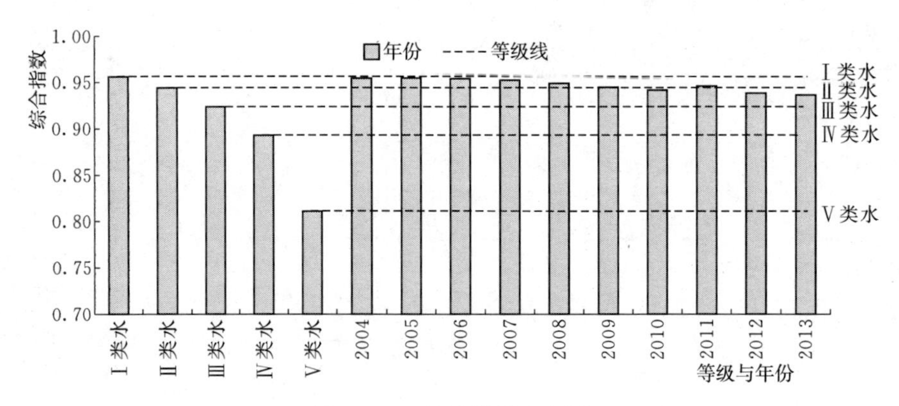

图 5-19 计算结果直方图

算结果基本一致，2010 年和 2011 年模糊物元模型的评价结果为偏于Ⅲ类水质，改进的熵权法模型的评价结果为勉强达到Ⅱ类水标准，这与地下水水质级别的模糊性以及评价标准制定时以偏优不偏劣的原则有关，但结果基本一致，评价标准和方法可靠。分析灌区内近 10 年水质，发现地下水水质总体状况较好，在Ⅲ类水以上，但水质质量趋于下降，不利于地下水环境的长期发展。

2. 灌区地下水水质现状评价

(1) 模糊物元模型。根据制定的模糊物元模型评价标准，通过模糊物元模型进行计算。求得最终的贴近度 ρH_j 见表 5-6，各分区评价结果分析图如图 5-20 所示。

表 5-6　　贴近度计算结果

区域	Ⅰ类水	Ⅱ类水	Ⅲ类水	Ⅳ类水	Ⅴ类水	Ⅰ分区	Ⅱ分区	Ⅲ分区	Ⅳ分区	Ⅴ分区	Ⅵ分区	Ⅶ分区
贴近度	0.6744	0.4660	0.1946	0.1188	0.0960	0.3035	0.2553	0.1686	0.2613	0.2951	0.2197	0.2746

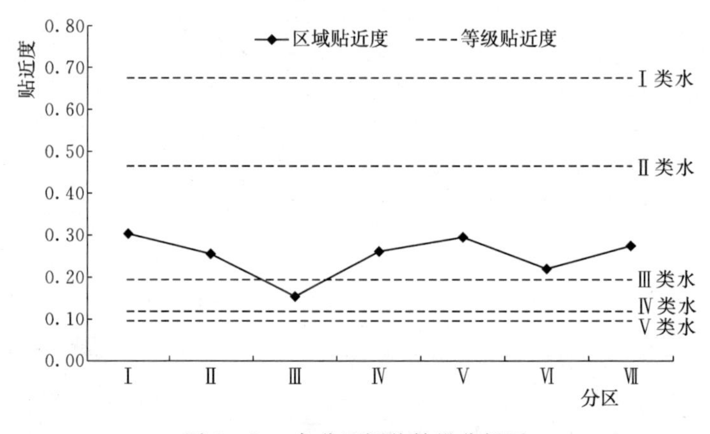

图 5-20 各分区评价结果分析图

从图 5－20 中可以看出，除Ⅲ分区和Ⅵ分区为Ⅳ类水质外，其余均为Ⅲ类水质。

（2）改进的熵权法模型。根据制定的改进的熵权法模型的评价标准进行地下水水质评价，参数计算结果见表 5－7，各分区地下水水质综合指数见表 5－8，计算结果直方图如图 5－21 所示。

表 5－7　参数计算结果

计算参数	氯化物	氟化物	氨氮	硝酸盐	亚硝酸盐	总硬度	硫酸盐	溶解性总固体
指标熵值 e_i	1.1361	1.1361	1.1342	1.1306	1.1289	1.1386	1.1393	1.1409
差异系数 g_i	−0.1361	−0.1361	−0.1342	−0.1306	−0.1289	−0.1386	−0.1393	−0.1409
指标权重 w_i	0.1255	0.1255	0.1237	0.1204	0.1188	0.1278	0.1284	0.1299

表 5－8　各分区内地下水水质综合指数

区域	Ⅰ类水	Ⅱ类水	Ⅲ类水	Ⅳ类水	Ⅴ类水	Ⅰ分区	Ⅱ分区	Ⅲ分区	Ⅳ分区	Ⅴ分区	Ⅵ分区	Ⅶ分区
指数	0.9552	0.9424	0.9229	0.8940	0.8142	0.9357	0.9320	0.9013	0.9220	0.9299	0.9178	0.9325

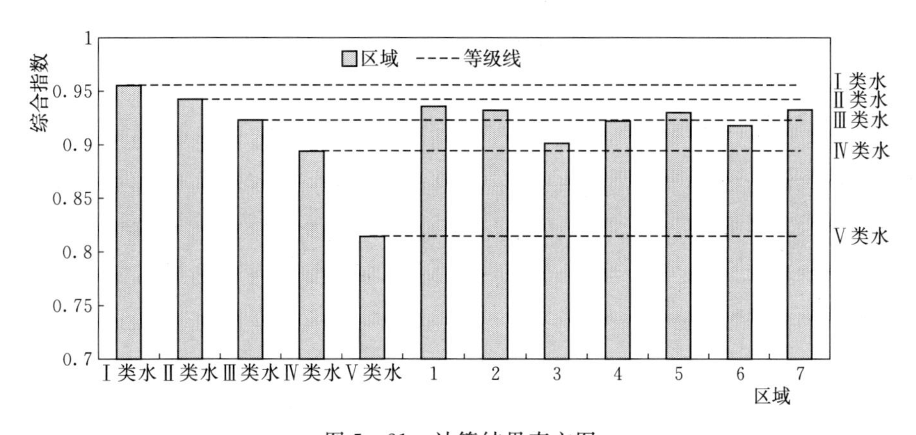

图 5－21　计算结果直方图

从图 5－21 中可以看出，除Ⅲ分区和Ⅵ分区为Ⅳ类水质外，其余为Ⅲ类水质。

（3）评价结果分析。两种方法的结果虽有所不同，在改进的熵权法模型中Ⅵ区的评价结果较接近Ⅲ类水质，总体来看，两种评价方法的结果比较一致。灌区内地下水水质大部分在Ⅲ类水质，Ⅲ类水质适用于集中式生活饮用水水源及工、农业用水，Ⅲ分区和Ⅵ分区水质条件偏于Ⅳ类水质，但也能够满足农业生产活动，人民胜利渠灌区地下水水质总体满足人们生活和农业生产活动。

3. 灌水期地下水水质评价

在灌区作物大面积施肥灌溉期，加强对灌区的地下水水质监测结果的观测频率，对单个区域内的单个指标进行趋势分析，选出指标变幅较大的数据，进行灌区灌溉期地下水水质状况评价。计算数据选用 2014 年 1 月和 4 月数据，计算结果如图 5-22、图 5-23 所示。

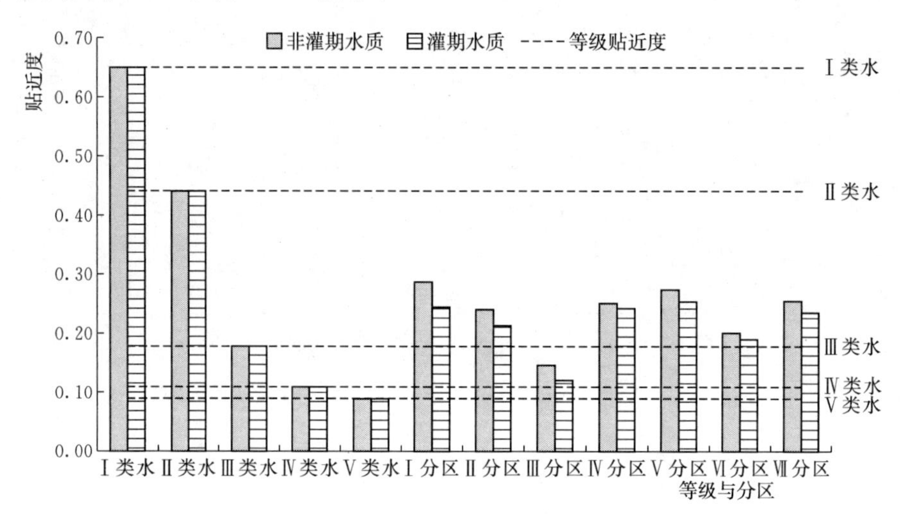

图 5-22　利用模糊物元模型计算的对比图

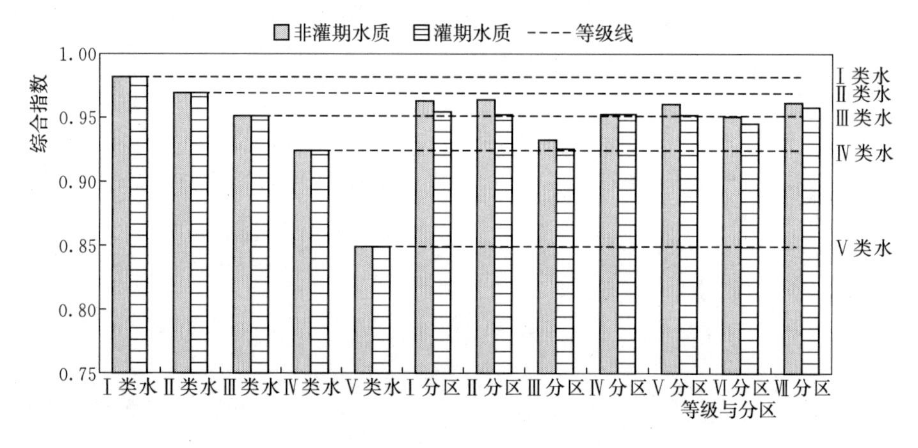

图 5-23　利用改进的熵权法模型计算的对比图

通过计算可看出，在灌溉期Ⅰ分区、Ⅱ分区、Ⅲ分区、Ⅴ分区、Ⅵ分区的水质有明显下降趋势，在引黄灌溉区，灌区分区内农作物种植种类基本相同，进入灌溉期基本一致，灌溉期间大量的外来水源引入区域单元，加之灌区内灌溉期不合理的化肥使用量，加大了灌溉期间所施肥料的淋失，随水流的下渗进入地下水体，使地下水体中含量短期有所增加，加之外来水源的引入，使大量水源渗入地下水体，抬升了地下水水位，不但使土壤中大量的水盐和污染物进入地下水体，而且也破坏了土壤环境，极易使土壤趋于盐碱化等，影响灌区内粮食产量。

4. 各单元分区随时间的水质变化

通过对灌区不同分区的实时动态监测，掌握不同分区的水质变化，实现对灌区总体水质的动态监视，有利于促进灌区地下水水质改善政策的提出。对不同单位分区内的水质进行随时间的动态评价，配合区域内农业耕作引导政策、引黄灌溉量调控等一系列政策，更加准确地预测人民胜利渠灌区地下水水质发展趋势，根据不同区域单元的不同特性和不同的耕作模式以及所采用的不同措施，找到有利于灌区地下水水质提高的有效手段。采用监测到的灌区内2014年全年的数据进行年内地下水水质评价。模糊物元模型评价结果如图5-24～图5-30所示。

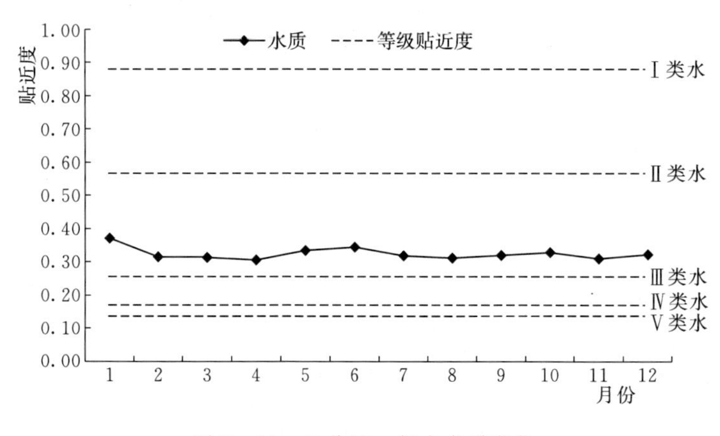

图5-24 Ⅰ分区一年内水质变化

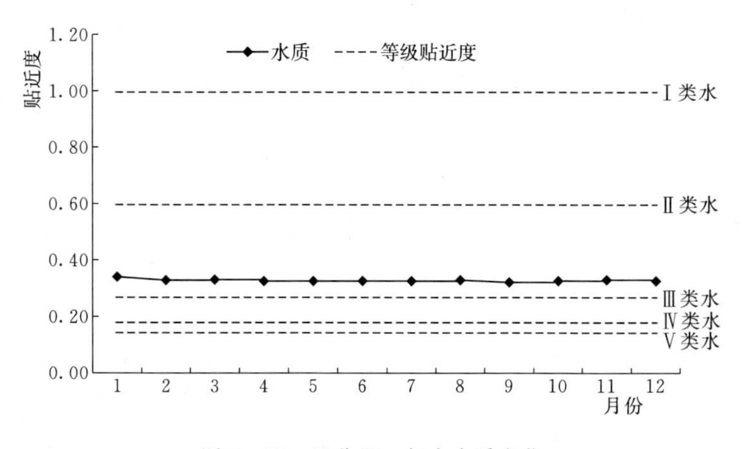

图5-25 Ⅱ分区一年内水质变化

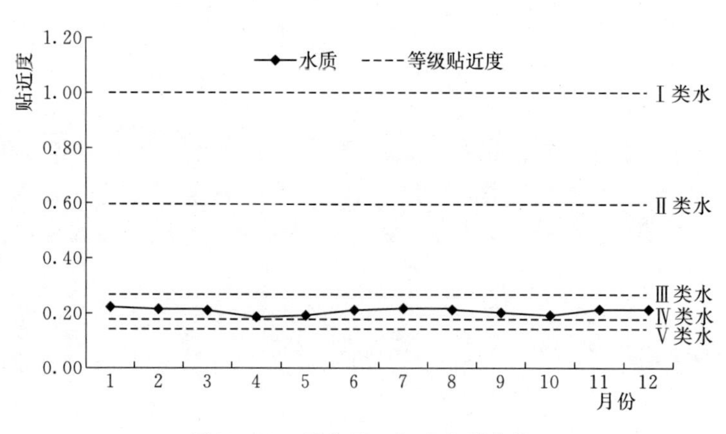

图5-26 Ⅲ分区一年内水质变化

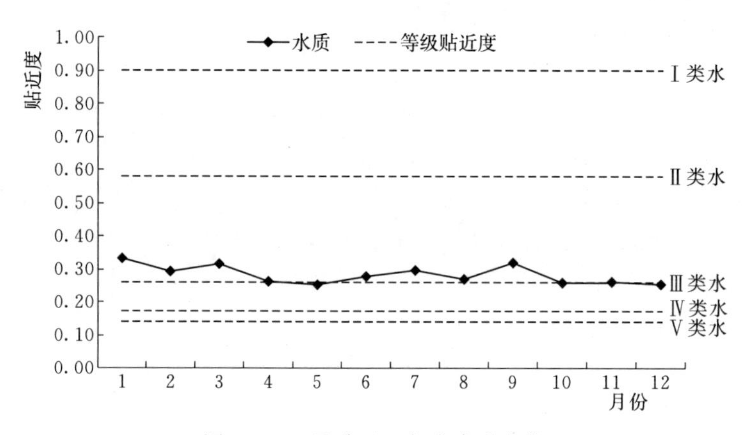

图5-27 Ⅳ分区一年内水质变化

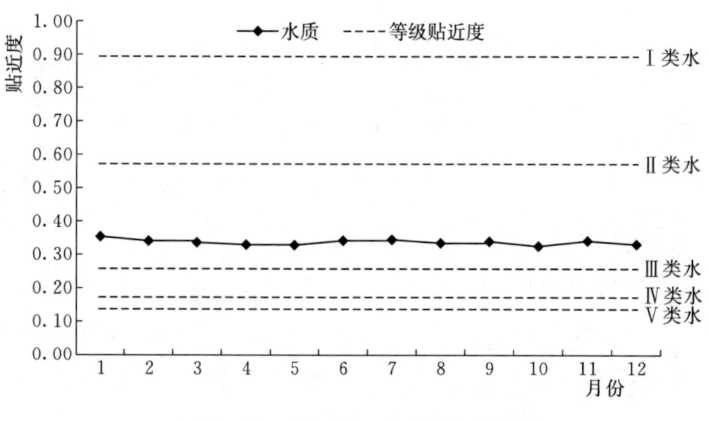

图5-28 Ⅴ分区一年内水质变化

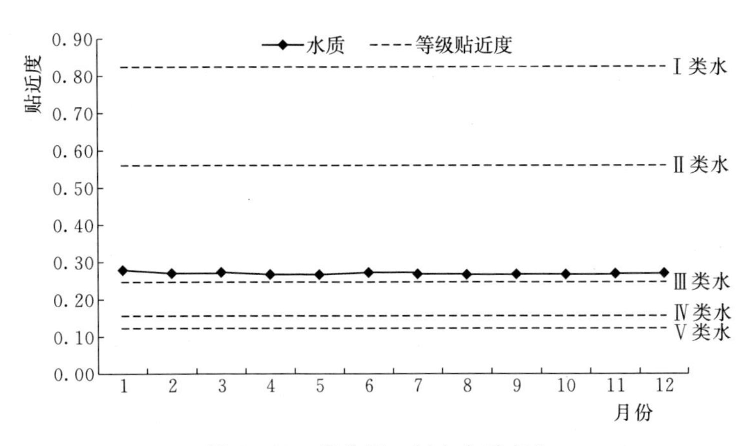

图 5-29　Ⅵ分区一年内水质变化

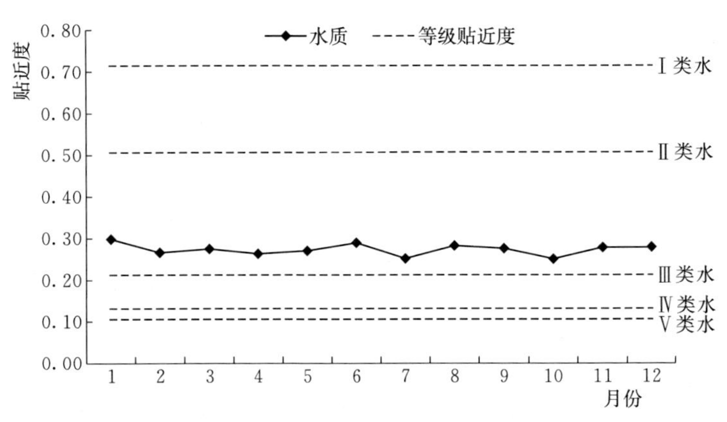

图 5-30　Ⅶ分区一年内水质变化

改进的熵权法模型评价结果如图 5-31～图 5-37 所示。

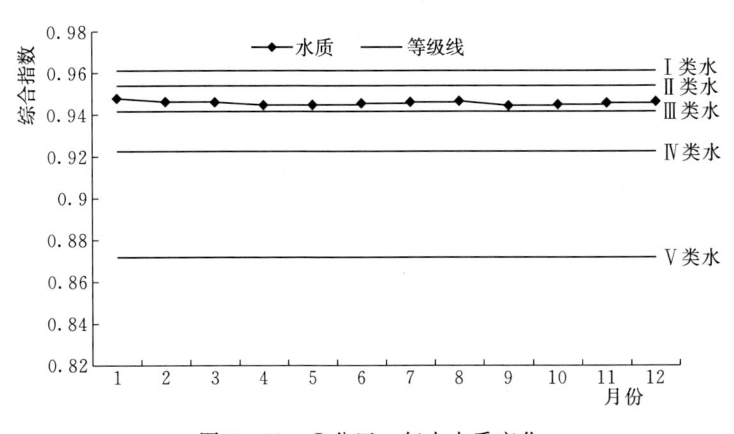

图 5-31　Ⅰ分区一年内水质变化

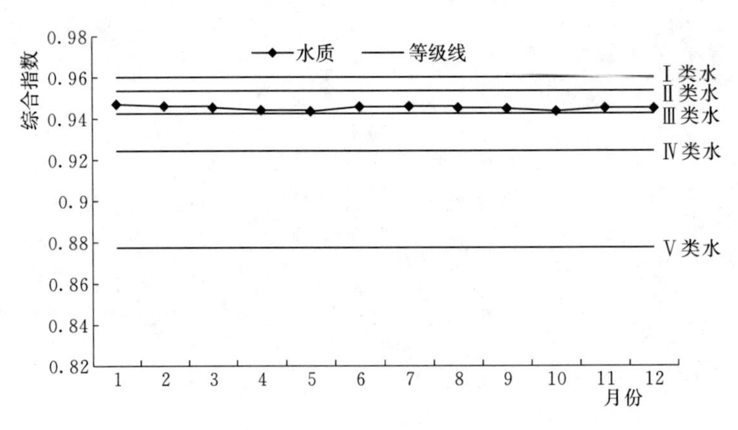

图 5-32 Ⅱ分区一年内水质变化

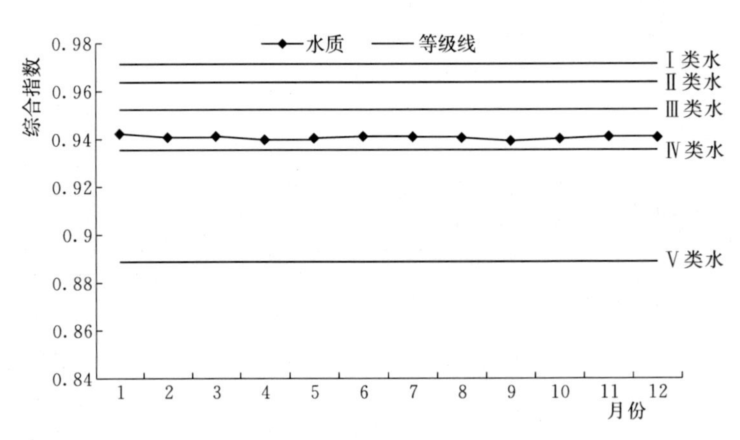

图 5-33 Ⅲ分区一年内水质变化

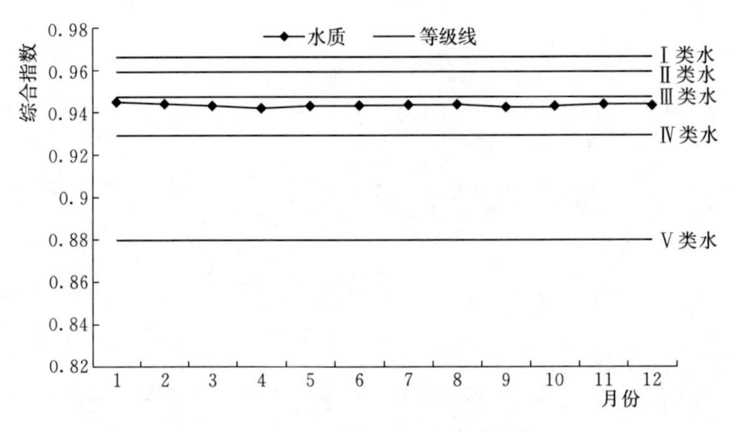

图 5-34 Ⅳ分区一年内水质变化

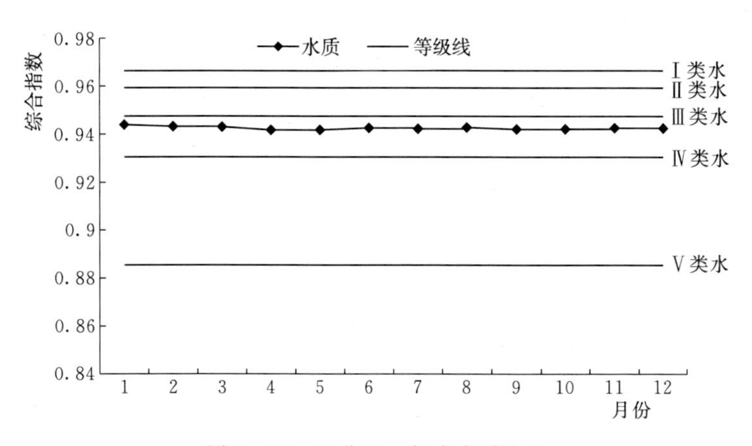

图 5－35　Ⅴ分区一年内水质变化

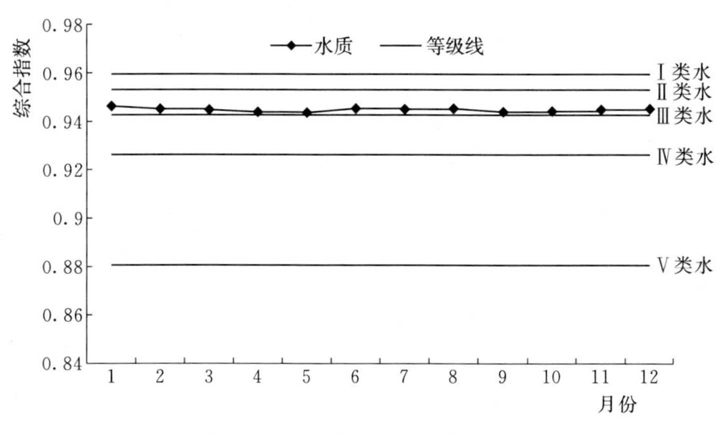

图 5－36　Ⅵ分区一年内水质变化

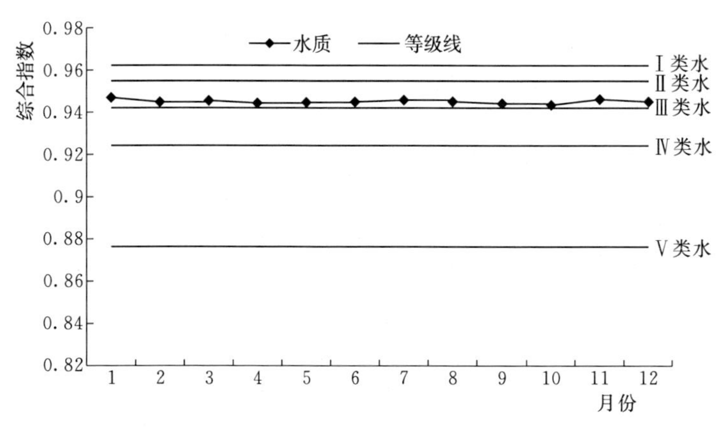

图 5－37　Ⅶ分区一年内水质变化

从上述计算结果可以看出，两种方法的计算相对较吻合，具有可靠性。从不同分区单元的年内水质变化来看，灌区总体水质呈下降趋势，下降幅度虽然不大，但是足以说明灌区内的农业生产等人类活动和地下水环境还没有形成和谐的统一发展体，长期积累下去，必然给灌区内的地下水环境带来威胁，地下水水质一旦严重恶化极难治理。

结合不同单位分区内的灌溉方式可以发现，Ⅴ、Ⅵ、Ⅶ分区地下水水质总体下降不明显，这三个分区内均为渠灌和井灌相结合，以渠灌为主，区域内通过渠灌增加了地下水的渗流量，有利于地表盐分和污染物渗入地下水环境，而区域内的井灌降低了地下水水位，增加了地表盐分和污染物渗入地下水体的渗径，通过渠灌和井灌合理的结合利用，既方便了农业生产用水同时避免了引入外来水源对区域地下水面短期大幅度的抬升，对避免产生盐碱化起到了积极的作用。Ⅰ分区主要以种植水稻为主，虽为渠井两用，以引灌为主，分区内地下水水位相对较浅，地下水水质下降仍相对偏高。

灌区内Ⅱ、Ⅲ、Ⅳ分区，地下水水质略有波动性，可能与所选井点过少有关，不能完全覆盖分区内主要特征区域，可以增设监测井或定时抽检部分备用监测井，做好下一步的分析研究。

6

地下水水分运移研究

地下水环境不是一个独立的系统，它是整个生态系统的一部分，与其他系统相互关联，相互影响，密不可分。从水的循环来讲，大气降水、地表水、土壤水和地下水可通称为“四水”，它们之间相互联系、相互依存、相互制约、相互作用和相互转化。地下水赋存在地质环境中，对其所赋存的地质环境具有支撑和保护的作用或效应，如果地下水系统的状态发生变化，则地质环境也会发生相应的改变。地下水资源过渡开发利用和地表水长期大规模拦蓄，使得地下水水位持续下降，地下水降落漏斗范围不断扩大，引发地面沉降、地面裂缝、生态环境退化和盐水入侵等环境问题，反之这些问题作用于地下水环境。

在研究引黄灌区地下水环境时，必须考虑引黄灌区特有的降水、地表水、土壤水与地下水之间的相互转化关系，农业灌溉工程类型、灌溉方式和灌溉制度，以及引黄灌区特有的地下水补给和排泄的特点等。

对于地下水环境的早期研究主要集中在地下水污染的研究。20 世纪 70 年代以后，地下水环境从水量和水质上都产生了一系列的问题，水量衰竭，水质下降，人们开始转向对地下水的分布以及影响地下水水质因素方面的研究。到 20 世纪 80 年代，人们开始研究地下水污染机理，通过计算机进行模拟地下水环境中污染物的迁移过程，地下水环境污染机理研究引起学者们的高度重视。20 世纪 90 年代以后，人们更加重视地下水环境与地表水环境和人类生活生产之间的相互影响关系，并逐渐重视区域内地下水环境演变过程与区域内环境变化、气候、气象以及土壤环境变化之间的相互作用机制。

研究地下水水质演变机理，科学地总结地下水水质演化模式，探寻地下水水质演变过程，可对地下水保护与有效恢复措施的制定起到决定性作用。

6.1 基本理论

土壤水分运动一般遵循达西定律，且符合质量守恒的连续性原理。土壤水分运动基本方程可通过达西定律和连续性方程进行推导。

土壤水分运动中的主要参数有含水率 θ、土壤水力传导度 K 和容水度 C 等。土壤水力传导度 K 是指单位水头差作用下，单位断面面积上流过的水流通量，一般在饱和土壤中称渗透系数，是土壤含水率或土壤负压的函数。容水度 C 表示压力水头减少一个单位时，自单位体积土壤中释放出来的水体体积，它是负压的函数，为水分特征曲线上任一特定含水率 θ 值时的斜率的负倒数。

因为含水率 θ、土壤水力传导度 K 和土壤负压 h 的关系比较复杂，目前通常由试验资料合成经验公式来表示它们之间的关系。用 Van Genuchten 方程的改进模型表示土壤体积含水率 θ 和土壤水力传导度 K 与土壤负压 h 的关系，如图 6-1 所示。

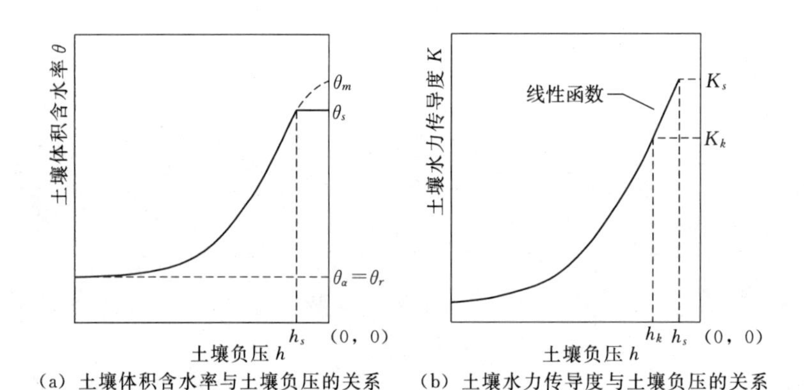

(a) 土壤体积含水率与土壤负压的关系　(b) 土壤水力传导度与土壤负压的关系

图 6-1　土壤体积含水率和土壤水力传导度与土壤负压的关系

$$\theta(h)=\begin{cases}\theta_a+\dfrac{\theta_m-\theta_a}{(1+|\alpha h|^n)^m}, & h<h_s\\ \theta_s, & h\geqslant h_s\end{cases} \tag{6-1}$$

$$K(h)=\begin{cases}K_sK_r(h), & h\leqslant h_k\\ K_k+\dfrac{(h-h_k)(K_s-K_k)}{h_s-h_k}, & h_k<h<h_s\\ K_s, & h\geqslant h_s\end{cases} \tag{6-2}$$

其中：

$$K_r=\frac{K_k}{K_s}\left(\frac{S_e}{S_{ek}}\right)^{\frac{1}{2}}\left[\frac{F(\theta_r)-F(\theta)}{F(\theta_r)-F(\theta_k)}\right]^2 \tag{6-3}$$

$$F(\theta)=\left[1-\left(\frac{\theta-\theta_\alpha}{\theta_m-\theta_\alpha}\right)^{\frac{1}{m}}\right]^m \tag{6-4}$$

$$m=1-1/n,\ n>1 \tag{6-5}$$

$$S_e=\frac{\theta-\theta_r}{\theta_s-\theta_r} \tag{6-6}$$

$$S_{ek}=\frac{\theta_k-\theta_r}{\theta_s-\theta_r} \tag{6-7}$$

$$h_s=-\frac{1}{\alpha}\left[\left(\frac{\theta_s-\theta_\alpha}{\theta_m-\theta_\alpha}\right)^{-1/m}-1\right]^{1/n} \tag{6-8}$$

$$h_k=-\frac{1}{\alpha}\left[\left(\frac{\theta_k-\theta_\alpha}{\theta_m-\theta_\alpha}\right)^{-1/m}-1\right]^{1/n} \tag{6-9}$$

式中：θ_r 为残余体积含水率（即最大分子持水率），$[L^3L^{-3}]$；θ_s 为饱和体积含水率，$[L^3L^{-3}]$；K_r 为相对非饱和水力传导率；K_s 为饱和水力传导度，$[LT^{-1}]$；S_e 为饱和度；θ_α 和 θ_m 为土壤含水率和土壤负压关系曲线（即水分特征曲线）上两个假定值，且置 $\theta_\alpha=\theta_r$，而 α 和 n 都是经验常数。

式（6－1）～式（6－9）中共有 9 个参数需要输入，分别为 θ_r、θ_s、θ_α、θ_m、α、n、K_s、K_k 和 θ_k。

土壤特性在空间分布是非均一的，即使在同一时刻相距很近的点，其基本参数值都是不同的，这种土壤特性在空间上分布的差异性称为土壤特性的空间变异性。软件模拟过程中采用了标定系数来简单地描述渗流区域内非饱和土壤水分运动参数的空间变异性。即通过对每一点选取适当的比例系数，将空间变异的 $\theta(h)$、$K(h)$ 关系，标定为对各点土壤均适用的 $\theta^*(h^*)$、$K^*(h^*)$ 关系，这样就可以用标定后的关系式来代替各点均不相同的关系式。这种处理方式来源于 Miller，他认为多孔介质仅区别于它们的内部几何大小不同。Simmons 等扩充了这种处理的使用范围，他认为几何形态不同但是水分运动参数表现出“比例相似”特性的土壤也可适用这种处理。引入了三个独立的标定系数用来定义土壤水分运动参数空间变异性的线性模型如下：

$$\left.\begin{aligned}K(h) &= \alpha_k K^*(h^*) \\ \theta(h) &= \theta_r + \alpha_\theta[\theta^*(h^*) - \theta_r^*] \\ h &= \alpha_h h^*\end{aligned}\right\} \tag{6-10}$$

式中：α_θ、α_h、α_k 分别为含水率、土壤负压、水力传导度的标定系数。在多数情况下，三因子相互独立，在某些情况下三因子之间存在某种关系。例如，Miller处理的最初形式是 $\alpha_\theta = 1$（同时 $\theta_r^* = \theta_r$）和 $\alpha_k = \alpha_h^{-2}$。

6.2 模型构建

农田尺度下，土壤物理、化学及生物特性在水平和垂直方向上并不完全一致，这种土壤属性在空间上的非均一性称为土壤的空间变异。土壤物理性质主要包括土壤容重、颗粒组成、饱和土壤导水率、土壤含水率等，这些土壤物理特性对饱和/非饱和土壤中水分和溶质运移具有重要影响。土壤化学性质的变异主要指土壤盐分、有机质、硝酸盐、有效 P、K、Ca 及微量元素等的空间变异，对农田尺度下作物的生长有重要影响。

土壤特性是影响水分渗漏和硝态氮淋失的重要因素，由于在农田尺度实时监测土壤水氮时特别费时、费力，并且需要花费大量的财力，通过数学模拟，可以快速呈现出水氮分布的动态变化，同时还可以解决部分田间试验难于开展的难题，为了解灌水施肥模式对土壤水氮分布的影响提供参考。

水分运移过程遵循达西定律和质量守恒定律，土壤中水分运移过程可以用 Richards 方程进行描述。Richards 方程中的非饱和导水率是土壤含水率的非线性函数，其高度的非线性给土壤水分运动模型的求解带来了诸多困难。目前，Richards 方程的求解方法分为解析解法和数值解法两种。有限差分法是 Richards 方程数值求解中最为常用的方法，有限差分法是以差商近似代替微商，将土壤水分运动的偏微分方程变成差分方程，组成可以直接求解的代数方程组。Brandt 等针对点源和线源灌溉分别提出了柱状流模型和平面流模型的数值解法。

溶质通过对流和水动力弥散作用在土壤中运动，通常用对流-弥散方程来描述。土壤溶质运移是一个复杂的过程，影响溶质运移和分布的因素众多，如土壤含水率、溶质和土壤之间的相互作用、溶质的转化、根系对溶质的吸收等。

6.2.1 模型参数

HYDRUS－2D 模拟需要的土壤水分特征曲线参数和非饱和导水率采用 Van

Genuchten - Mualem 模型表示：

$$\theta(h)=\theta_r+\frac{\theta_s-\theta_r}{[1+(\alpha h)^n]^m}\quad h<0 \tag{6-11}$$

$$\theta(h)=\theta_s\quad h\geqslant 0 \tag{6-12}$$

$$K(h)=K_s S_e^l[1-(1-S_e^{l/m})^m]^2 \tag{6-13}$$

$$S_e=\frac{\theta-\theta_r}{\theta_s-\theta_r} \tag{6-14}$$

式中：θ_r 为残余含水率，cm^3/cm^3；θ_s 为饱和含水率，cm^3/cm^3；K_s 为饱和导水率，cm/h；α 为形状参数，1/cm；m 和 n 是形状参数，其中 $m=1-1/n$；l 为孔隙弯曲度，取值为 0.5（Mualem，1976）；S_e 为土壤饱和度。以上参数可通过 Rosetta 软件利用土壤颗粒组成、容重、土壤水吸力为 33kPa 和 1500 kPa 时的土壤含水率进行估算。

溶质运移参数包括纵向弥散系数 D_L，横向弥散系数 D_T，NO_3^-—N 在自由水中的分子扩散系数 D_W，有机氮的矿化速率 k_{min}，NO_3^-—N 的生物固持速率 k_{im}，NO_3^-—N 的反硝化速率 k_{den}。

以粉壤土为研究对象，考虑土壤水力参数的空间变异特征对农田尺度氮淋失的影响，模型中水力参数 θ_r、θ_s、α、n 和 K_s 由 Rosetta 人工神经网络模型求得。为了研究不同变异程度土壤水力参数对灌溉水分渗漏和 NO_3^-—N 淋失的影响，按照变异系数 $C_v<0.1$ 为弱变异、$0.1<C_v<1$ 为中等变异程度的标准，假定土壤黏粒、粉粒及土壤容重服从正态分布，利用蒙特卡罗方法随机产生一定数量的弱变异土壤和中等变异土壤，进而利用 Rosetta 软件得到各种土壤的水力参数值。

6.2.2 工况设定

采用站内的小气象站和中国气象网站公布的监测数据作为模拟的气象条件。土壤参数以及站点区域内灌溉状况等数据，通过实验室实验、查阅文、规范以及区域内的实际生产活动确定。设定以下两种工况进行模拟：

（1）工况一：一次灌溉和施肥后，一周内水分向地下的运移状况。

（2）工况二：自然状态即天然降水下，年内水分向地下的运移状况。

引入 HYDRUS - 2D 软件进行模拟。因为含水率 θ、土壤水力传导度 K 和土壤负压 h 的关系比较复杂，目前通常由试验资料结合经验公式来表示它们之间的关系。土壤水分特征曲线参数和非饱和导水率采用 Van Genuchten - Mualem 模型表示。

模型中水力参数 θ_r、θ_s、α、n 和 K_s 由 Rosetta 人工神经网络模型求得。

在进行天然状态下年内水分向地下运移状况模拟时，上边界降水状况采用输入辐射、气温、湿度等气象数据，引用模型内部的 Penman - Monteith 公式，自动计算潜在蒸散量 ET_p。

在进行一次灌溉后，一周内水分向地下的运移模拟时，不考虑根系吸水，只对水分的运移进行模拟，结合地下水水位变化进行水分运移分析。参考本地灌溉定额以及灌区内实际灌溉情况优先的原则进行概化换算，上边界采用定水头边界，下边界为自由排水边界。模型选用深度 10m、宽度 5m 的土体进行模拟计算。

6.3 水分运移模拟

6.3.1 工况一

灌水施肥前初始土壤含水率如图 6 - 2 所示。一次灌溉和施肥后，一周内土壤中含水率的变化情况如图 6 - 3～图 6 - 10 所示。

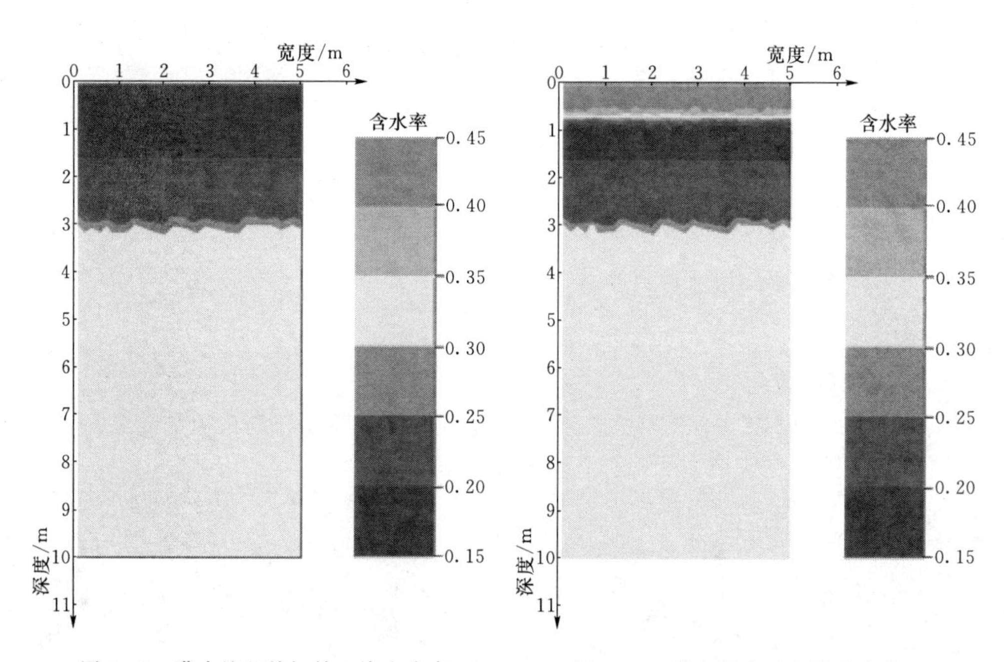

图 6 - 2 灌水施肥前初始土壤含水率

图 6 - 3 灌水结束时土壤含水率

灌水结束后，地面下平均 50cm 内土壤含水率迅速达到 0.4 以上，水分开始下渗，再向下平均 35cm 内的土壤含水率开始逐渐增大，介于 0.2～0.4。

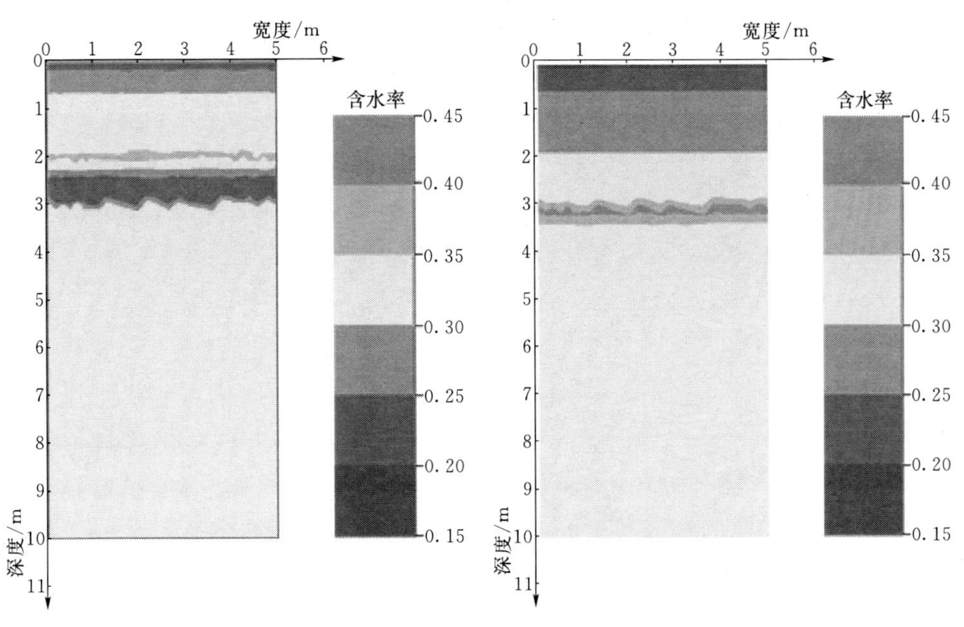

图 6-4　第 24h 时的土壤含水率

图 6-5　第 48h 时的土壤含水率

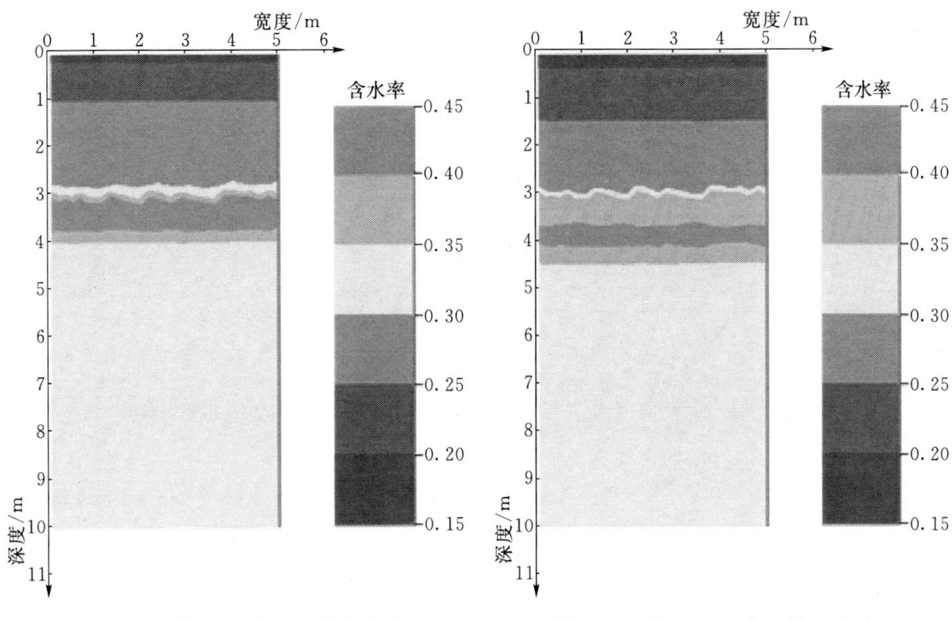

图 6-6　第 72h 时的土壤含水率

图 6-7　第 96h 时的土壤含水率

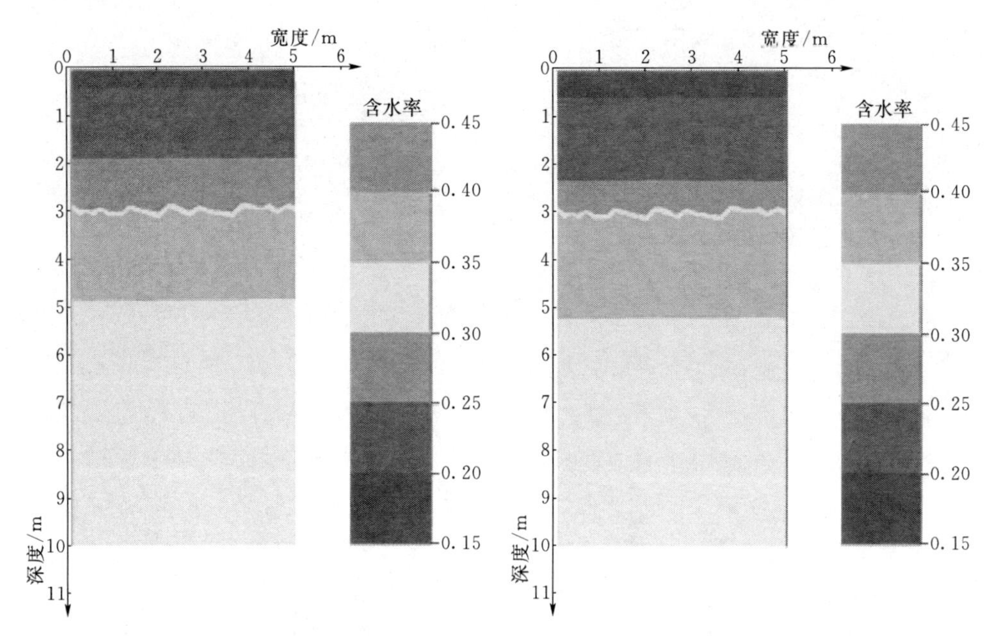

图 6-8 第 120h 时的土壤含水率　　图 6-9 第 144h 时的土壤含水率

24h 后，水分进一步下渗，地表下 15cm 以内土层含水率下降至 0.2～0.5，15～60cm 土层含水率下降至 0.25～0.30，60～180cm 土层含水率达到 0.30～0.35，深度 180～200cm 形成含水率为 0.35～0.40 的高含水率土壤层。

48h 后，地表下 10cm 土层开始恢复土壤初始含水率，10～180cm 土层含水率介于 0.20～0.30，含水率介于 0.35～0.45 的高含水率带推移至深度 290～340cm。

72h 后，地表下 20cm 土层逐渐恢复初含水率，含水率为 0.35～0.45 的高含水率带推移至深度 300～400cm。

96h 后，地表下 27cm 土层开始恢复初始含水率，含水率为 0.35～0.45 的高含水率带推移至深度 310～450cm，其中 0.4 以上含水率层因水分下渗明显减薄。

120～168h 后，随着水分向下推移，0.4 以上含水率带下渗消失，0.35～0.4 含水率带推移至地表下深度 310～550cm，地表以下深度 60cm 内含水率恢复初始含水率。

综上可知，灌溉后，灌溉水下渗至地下约 550cm 处，使地下 550cm 处的土层含水率有所提升。

随土层的深度变化设置观测点，观察观测点处含水率变化，观测点设置位置如图 6-11 所示，各观测点含水率变化如图 6-12 所示。

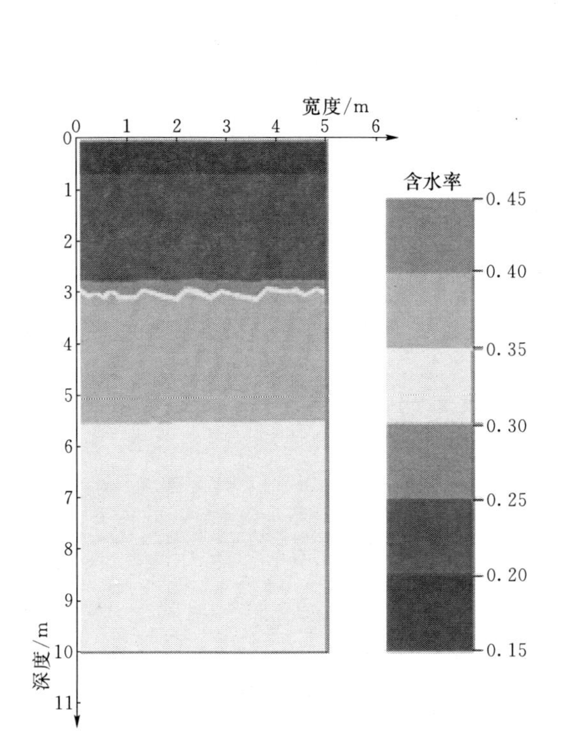

图 6-10　第168h时的土壤含水率

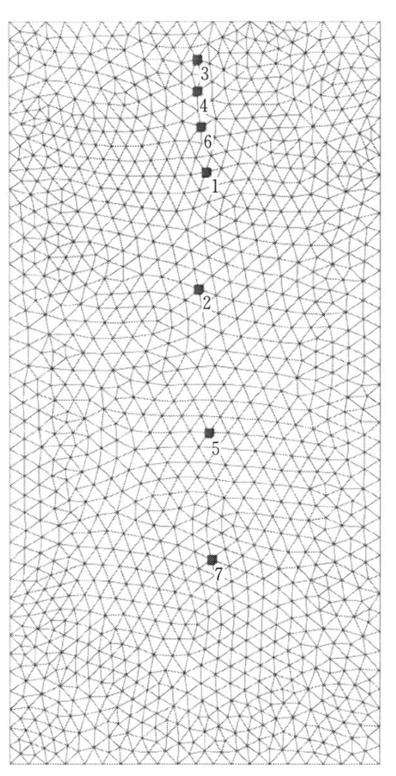

图 6-11　观测点设置位置图

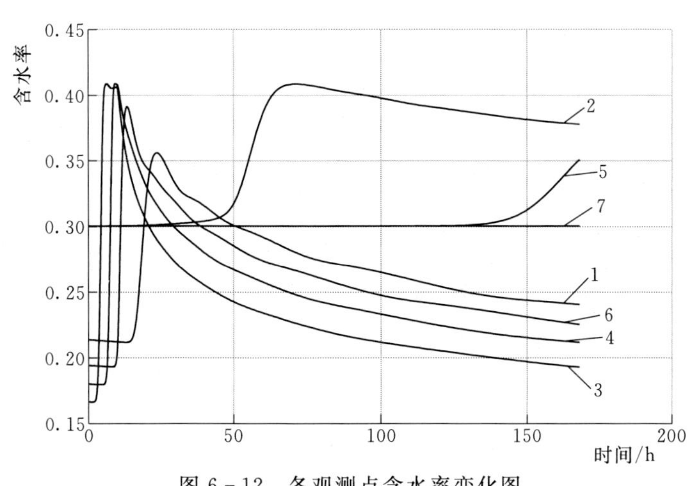

图 6-12　各观测点含水率变化图

从各观测点可以看出一周后观测点 2 的含水率较高，观测点 5 的含水率后期上升，说明一周后灌溉水主要下渗到观测点 2，已到达观测点 5。

6.3.2 工况二

随着天然降水而造成的土壤剖面含水率变化如图 6-13～图 6-25 所示。

1—3 月未出现明显的降水，土壤含水率从地表向下不断降低，4 月底地表以下 8～76cm 土层含水率有微弱上升，从 0.10～0.15 上升到 0.15～0.20，说明 4 月有少量降水。

5 月底地表以下 45～76cm 土层含水率从 0.15～0.20 上升到 0.20～0.25，说明 5 月有大量降水，使水分不断下渗，6 月底土壤含水率下降，说明 6 月无降水。

7 月底地表土层含水率从 0.15～0.20 上升到 0.20～0.25，说明 7 月底有降水，8 月底土壤含水率下降，说明 8 月无降水。

9 月底地表以下 6～38cm 土层含水率从 0.10～0.15 上升到 0.15～0.20，说明 9 月有少量降水；10 月底地表以下 52cm 土层内含水率为 0.15～0.30，出现从上到下不断降低的含水率带；11 月底地表以下 66～130cm 土层出现含水率为 0.20～0.25 的含水率带；12 月底各土层的含水率下降。可见 10 月底到 11 月初有大量降水，12 月无降水。

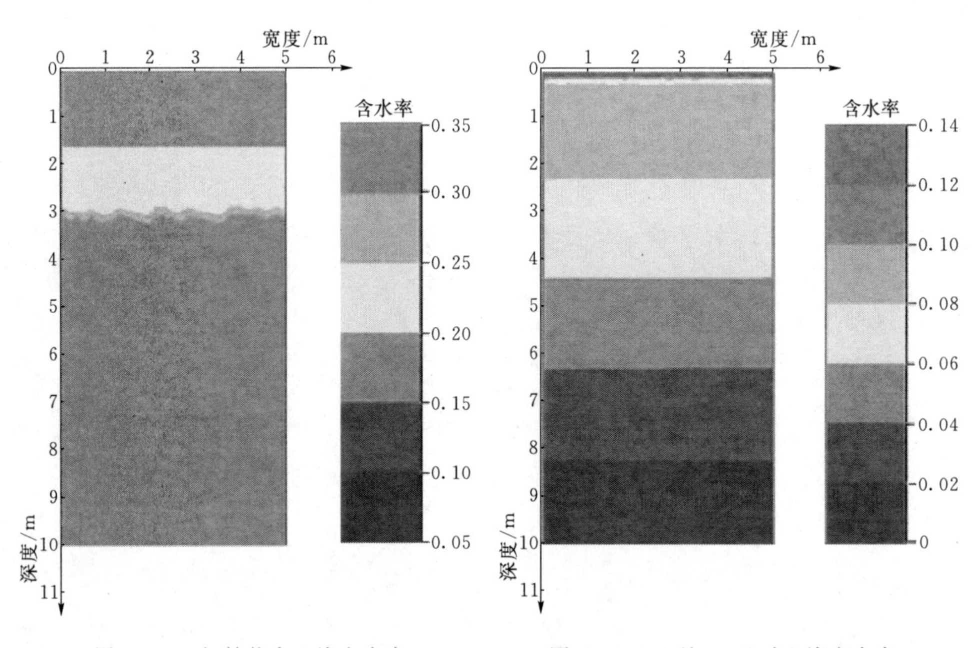

图 6-13 初始状态土壤含水率

图 6-14 1 月 31 日时土壤含水率

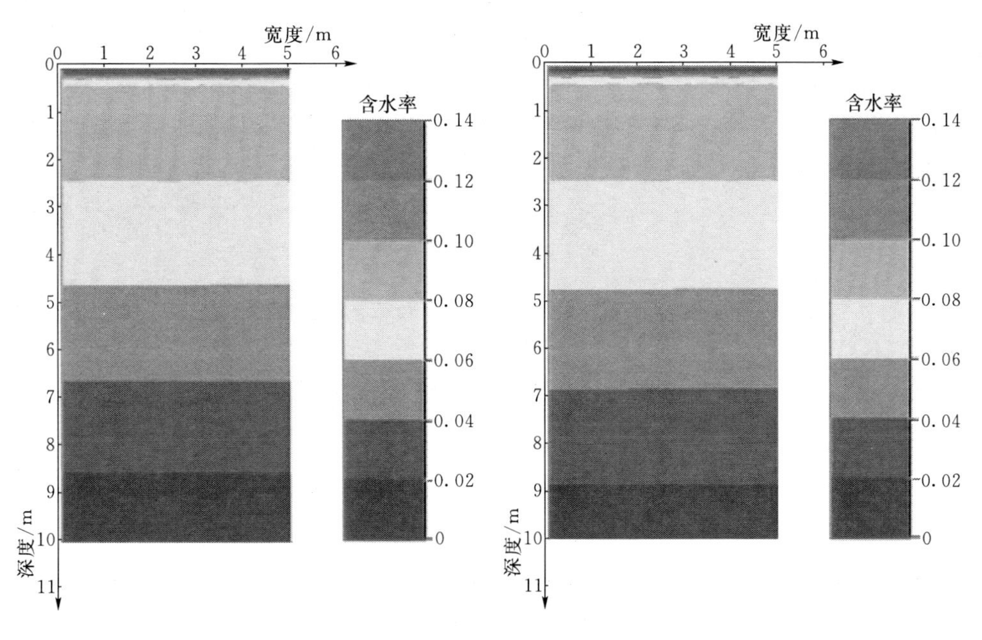

图 6-15　2 月 28 日时土壤含水率

图 6-16　3 月 31 日时土壤含水率

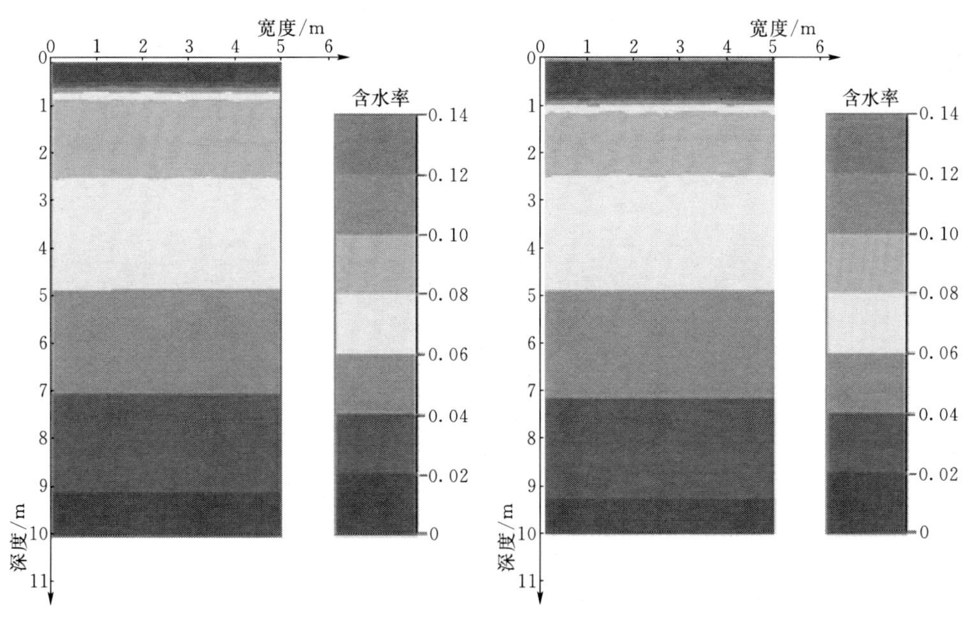

图 6-17　4 月 30 日时土壤含水率

图 6-18　5 月 31 日时土壤含水率

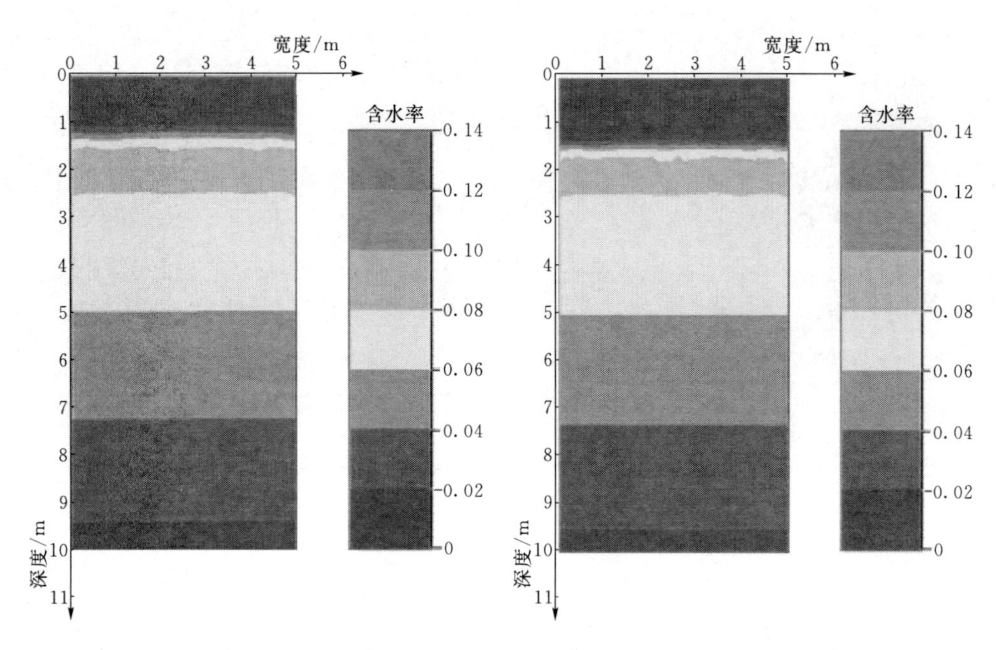

图 6-19　6 月 30 日时土壤含水率

图 6-20　7 月 31 日时土壤含水率

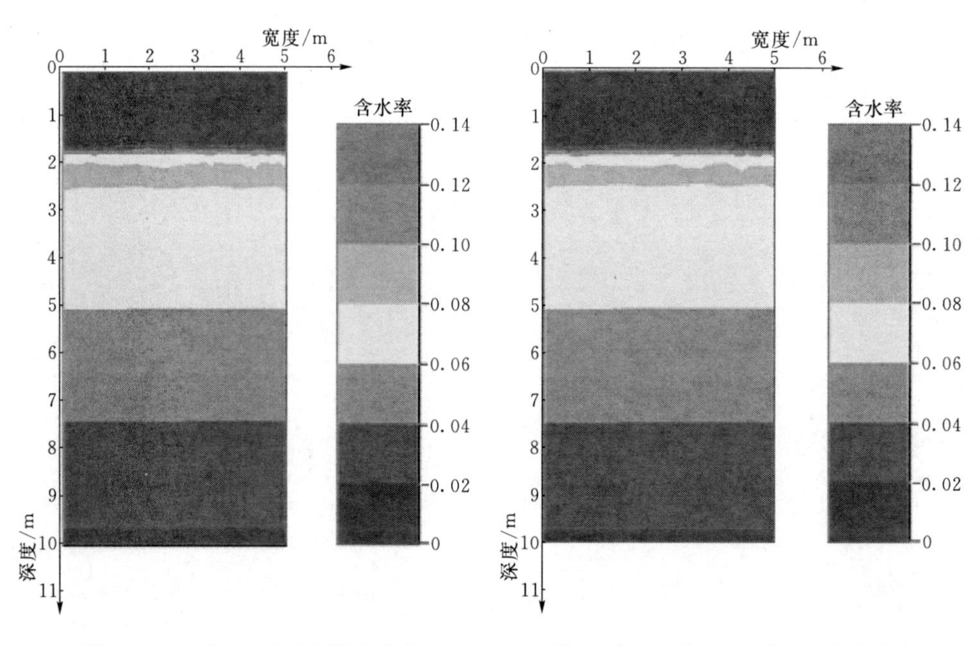

图 6-21　8 月 31 日时土壤含水率

图 6-22　9 月 30 日时土壤含水率

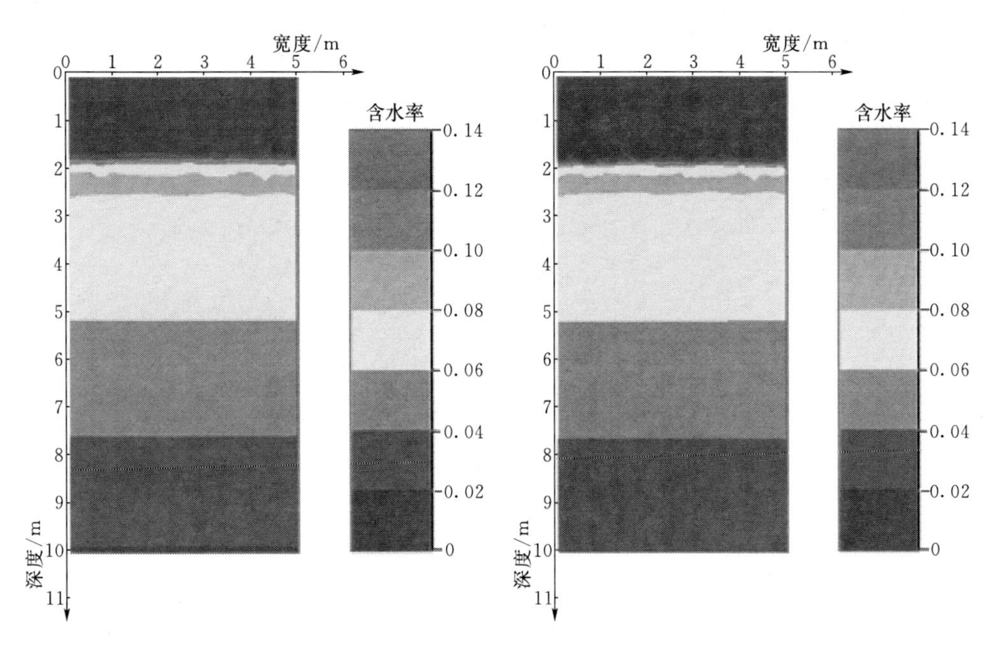

图 6-23　10 月 31 日时土壤含水率　　图 6-24　11 月 30 日时土壤含水率

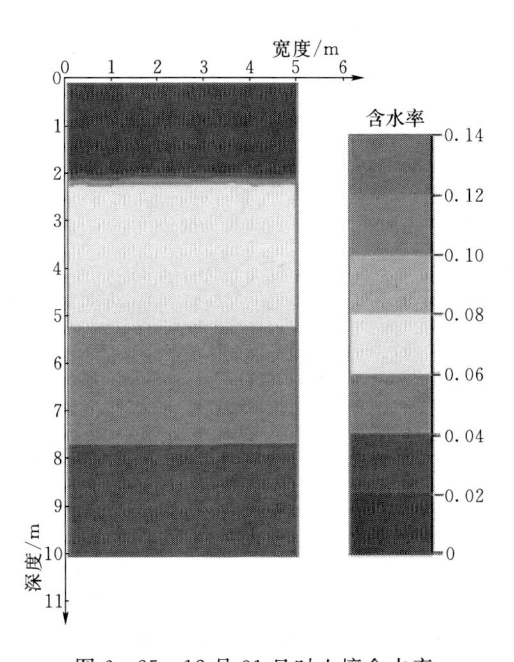

图 6-25　12 月 31 日时土壤含水率

综上可知，近几年灌区内主测站点处，由软件自身利用几年来气象参数的平均值模拟出的降水主要集中在4月、9月少量降水，5月、7月、10月、11月大量降水，由于利用平均数据模拟，降水虽然和实际不完全相符，但基本接近实际情况；不考虑地下水对土层含水率的影响，从不同土层含水率的年内变化可以看出，主测站降水量不大。

地下水埋深预测

灌区地下水埋深变化是一个复杂的、模糊的和不确定性的系统，受气温、降水、蒸发散、地下水补给、地下水开采、土壤地质条件等多种因素的影响，导致地下水埋深变化呈现出非线性、非平稳性、局部波动性和多时间尺度的特点。地下水埋深是反映地下水资源变化的一个重要指标，科学准确地预测地下水埋深可为区域地下水资源保护、合理利用等提供理论依据。目前，相关研究人员对地下水水位预测做了大量研究，取得了较为丰硕的成果。Takafuji 等运用自回归综合移动平均值（ARIMA）的时间序列方法和使用序列高斯模拟（SGS）的地质统计方法预测地下水变化；Nadiri 等运用模糊逻辑模型对地下水位进行模拟；Koo 等利用遗传算法来选择隐藏层和节点的数量，优化 RV 水位预测的 DNN 模型；曹伟征等针对传统区域地下水埋深预测方法不高的问题，提出一种基于相空间重构（PSR）、粒子群算法（PSO）的极限学习机（ELM）的非预测模型；吕萍等利用灰色微分方程与自记忆原理构建地下水埋深灰色自记忆预测模型，揭示了三江平原地下水埋深的时间变化规律；陈笑等将 GA－BP 神经网络模型应用到蒙城县浅层地下水埋深短期预测中。由上可知，国内外学者对地下水埋深预测研究主要集中于回归分析、遗传算法、灰色理论与神经网络等方面。地下水埋深序列具有随机性、不确定性与非平稳性较大的特点，这给科学准确预测地下水埋深带来一定难度。

7.1 基于非线性多尺度的地下水预测模型

时间序列数据是在受到许多复杂因素的影响下得来的，因此它具有非线性的特征，所以非线性时间序列的预测十分重要。许多专家和学者采用各种方法对非线性时间序列进行建模预测，但是这些方法大部分是单尺度的。作为一种多尺度分析方法，小波分析也可以应用于非线性时间序列预测的建模上，但是它的不足之处是分辨率不清晰。从客观上讲，大多数时间序列的演变都是多尺度的，这些变化尺度为月际的、年际的、代际和世纪的。20 世纪 90 年代末，Huang 等提出了一种时间序列分析方法，命名为 EMD 方法。EMD 方法是一种在时间序列局部特征基础上的分解方法，它能够把复杂的序列分解成有限的本征模态函数（Intrinsic Mode Function，IMF）之和。对这些分解出来的 IMF 分量进行 Hilbert 变换，能够得到 IMF 随时间变化的振幅和频率，并且可以把反映非线性过程而引入的无物理意义的谐波消除。

7.1.1 经验模态分解

通过 EMD 方法分解出来的 IMF 分量应该满足两个条件：①这些分量的极大值、极小值和过零点的数目必须相等或者最多相差一个；②在任意时刻由极大值和极小值确定的上下包络均值为零。EMD 分解的步骤如下：

（1）找出时间序列 $x(t)$ 的局部极大值和极小值，极大值形成的上包络为 $u(t)$ 、极小值得到的下包络为 $v(t)$ ，上下包络的均值 $m(t)=[u(t)+v(t)]/2$ 。

（2）设 $h_1(t)=x(t)-m(t)$ ，检验 $h_1(t)$ 是否满足 IMF 的两个条件，如果满足 $h_1(t)$ 就是 IMF，如果不满足，对 $h_1(t)$ 重复（1），直至得到 $h_k(t)$ 满足 IMF 的两个条件，$h_k(t)$ 就是第一个 IMF 分量，$c_1(t)$ 。记序列的剩余部分为 $r_1(t)=x(t)-c_1(t)$ 。

（3）对 $r_1(t)$ 重复步骤（1）和（2），直至剩余部分为一单调序列，分解结束。通常情况下，IMF 停止的标准是前后两个 $h(t)$ 的标准差 SD，即

$$SD=\sum_{t=0}^{n}\frac{[h_{k-1}(t)-h_k(t)]^2}{h_{k-1}^2(t)} \tag{7-1}$$

当 SD 为 0.2～0.3 时，IMF 的稳定性比较好，并可以使 IMF 的物理意义很清晰。

7.1.2 Hilbert 变换

对所有分解出的 IMF 进行 Hilbert 变换，$c_i(t)$ 的 Hilbert 定义如下：

$$y_i(t)=\frac{1}{\pi}p\int_{-\infty}^{+\infty}\frac{c_i(t)}{t-t'}\mathrm{d}t' \tag{7-2}$$

式中：p 为柯西主值。

根据式（7-2），$c_i(t)$ 与 $y_i(t)$ 形成复共轭，得到一个解析信号 $C_i(t)$：

$$C_i(t)=c_i(t)+iy_i(t)=a_i(t)e^{i\theta_i(t)} \tag{7-3}$$

$$a_i(t)=|c_i(t)+iy_i(t)|=\sqrt{C_i^2(t)+y_i^2(t)} \tag{7-4}$$

$$\theta_i(t)=\arctan\left[\frac{y_i(t)}{c_i(t)}\right] \tag{7-5}$$

式中：$a_i(t)$ 为瞬时振幅；$\theta_i(t)$ 为相位。

相应的瞬时频率为

$$\omega_i(t)=\frac{d\theta_i(t)}{dt} \tag{7-6}$$

Hilbert 变换从定义上看是 $C_i(t)$ 与 $1/t$ 的褶积，瞬时频率是时间的单值函数，经 EMD 变换后所得的瞬时频率具有真正的物理意义。

7.1.3 多尺度模型的构建

（1）模型一。根据 EMD 和 Hilbert 变换的结果，在不考虑各个 IMF 初相位的情况下建立如下模型：

$$Y=\beta_0+\beta_1 t+\sum_{i=1}^{n}a_i\cos\frac{2\pi}{T_i}t+\varepsilon \tag{7-7}$$

式中：a_i 为各 IMF 的平均振幅；T_i 为各 IMF 的平均周期，即 $T_i=\frac{2\pi}{\omega_i(t)}$ 的均值；$\beta_0+\beta_1 t$ 为分解出来的趋势项；n 为 IMF 分量的个数；ε 为残差项。

（2）模型二。考虑 IMF 的初相位，建立如下模型：

$$Y=\beta_0+\beta_1 t+\sum_{i=1}^{n}a_i\left(\cos\frac{2\pi}{T_i}t+b_i\right)+\varepsilon \tag{7-8}$$

式中：b_i 为各 IMF 分量的初相位；其余参数与模型一中的参数意义相同。

7.1.4 灌区地下水预测

（1）EMD 分解。对人民胜利渠灌区 1993—2012 年 240 个月的地下水埋深序列进行 EMD 分解，分解后得出 6 个 IMF 分量和 1 个残余分量（图 7-1），每个 IMF 分量代表一种尺度的变化，由图 7-1 可以看出 IMF1 包含了最高频的振荡信息，从 IMF1～IMF6 的振幅逐渐减小，频率变低，其中 Residue 一项是单调的，体现序列的趋势，即地下水埋深有增加的趋势。

（2）Hilbert 变换的统计值。对各个 IMF 分量进行 Hilbert 变换，可得到各分量平均振幅和平均频率。IMF1 的振幅最大，而且包含了最高频的振荡信息，表示研究的地下水埋深序列具有 9 个月左右的震荡周期；从 IMF1～IMF6 的振幅逐渐减小，频率变低，地下水埋深除了具有 9 个月左右的周期外还有 13 个、

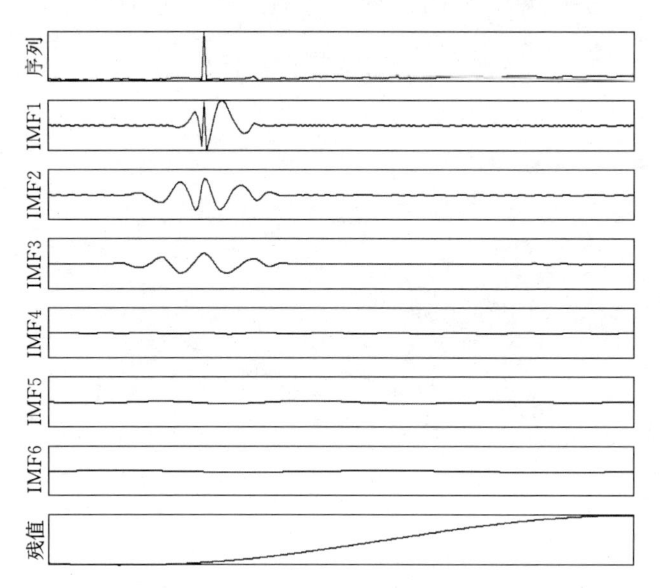

图 7-1 灌区地下水埋深 EMD 结果

15 个、25 个、75 个、243 个月左右的周期。灌区地下水埋深各分量平均周期、平均振幅和初相位见表 7-1。

表 7-1 灌区地下水埋深各分量统计值

模态	平均周期 T_i	平均振幅 a_i /m	初相位 b_i /rad
IMF1	8.57	1.88	−1.065
IMF2	7.17	1.92	−0.56
IMF3	7.07	1.49	−0.31
IMF4	26.39	0.4	0.183
IMF5	76.65	0.65	1.24
IMF6	133.14	0.55	1.49

(3) 参数的确定。模型一的各参数见表 7-1 第二列和第三列所示，多尺度模型为

$$Y = 2.691 + 0.0172t + 1.88\cos\frac{2\pi}{8.57} + 1.92\cos\frac{2\pi}{7.17} + 1.49\cos\frac{2\pi}{7.07} + 0.4\cos\frac{2\pi}{26.39} + 0.65\cos\frac{2\pi}{76.65} + 0.55\cos\frac{2\pi}{133.14} + \varepsilon$$

模型二的各参数见表 7-1 中的第二、第三和第四列，多尺度模型为

$$Y = 2.691 + 0.0172t + 1.88\cos\left(\frac{2\pi}{8.57} - 1.065\right) + 1.92\cos\left(\frac{2\pi}{7.17} - 0.56\right)$$

$$+1.49\cos\left(\frac{2\pi}{7.07}-0.31\right)+0.4\cos\left(\frac{2\pi}{26.39}+0.183\right)$$

$$+0.65\cos\left(\frac{2\pi}{76.65}+1.24\right)+0.55\cos\left(\frac{2\pi}{133.14}+1.49\right)+\varepsilon$$

(4) 地下水埋深预测。根据所建立的模型，对人民胜利渠灌区 2013 年地下水埋深进行预测，并与实际埋深值进行对比，结果见表 7-2。

表 7-2　灌区 2013 年地下水埋深预测值与实测值对比表

月份	实测值/m	模型一		模型二	
		预测值/m	相对误差/%	预测值/m	相对误差/%
1	5.96	7.05	18.20	7.13	19.54
2	5.86	6.65	13.41	6.88	17.33
3	6.06	6.44	6.28	6.54	7.93
4	6.30	6.12	2.79	7.04	11.88
5	6.71	6.29	6.23	6.13	8.63
6	6.96	6.99	0.37	5.73	17.76
7	6.78	7.55	11.35	6.04	10.86
8	6.62	6.48	2.08	6.97	5.30
9	6.80	7.56	11.14	7.45	9.52
10	6.80	7.57	11.25	7.32	7.58
11	6.92	7.70	11.28	7.09	2.44
12	6.87	6.39	6.96	7.88	14.80

由表 7-2 可以看出，模型一预测的相对误差基本保持在 15%以下，平均相对误差为 8.45%，最大相对误差为 18.20%；模型二预测的相对误差基本保持在 15%以下，平均相对误差为 11.13%，最大相对误差为 19.54%，预测精度较高。两个模型 1 月和 2 月的相对误差较大，此时为枯水期，灌区地下水埋深受到多种复杂因素的影响较大，导致预测结果偏离较大。

(5) 小结。运用非线性多尺度模型进行灌区地下水埋深预测的建模方法与步骤，通过对灌区 1993—2012 年 240 个月的地下水埋深序列进行 EMD 分解，得到 6 个 IMF 分量和 1 个残余分量。在对每个 IMF 分量进行 Hilbert 变换的基础上，确定建模所需的参数，根据是否考虑 IMF 初相位的情况，建立两个地下水埋深的预测模型。

根据所建立的模型，对灌区 2013 年地下水埋深进行预测，模型一预测的相对误差基本保持在 15%以下，平均相对误差为 8.45%，最大相对误差为

18.20%；模型二预测的相对误差基本保持在15%以下，平均相对误差为11.13%，最大相对误差为19.54%，预测精度较高。两个模型1月和2月相对误差较大，此时为枯水期，灌区地下水埋深受到多种复杂因素的影响较大，导致预测结果偏离较大。

7.2 基于相空间重构与BP神经网络的地下水预测模型

人工神经网络是由大量简单的处理单元——神经元按照某种方式联结而成的自适应的非线性系统。人工神经网络是高度非线性的系统，它具有一般非线性系统的不可预测性、耗散性、高维性、不可逆性、广泛连接性与自适应性，同时又具有自组织、自学习、并行处理、联想记忆的功能。它的每一个神经元的结构和功能都很简单，其工作是“集体”行动的，它没有运算器、存储器、控制器，其信息是存储在神经元之间的联结上的，它是一种模仿人脑的神经系统结构和功能的物理课实现系统。

7.2.1 基本理论

7.2.1.1 人工神经网络

人工神经网络（Artificial Neural Network）是建立在生物神经网络结构和功能的基础上而构成的一种信息处理系统。目前，利用单纯的人工神经网络对大脑结构进行模仿的水平还很低，因此使用新的方法对人脑功能进行模拟受到许多科学家的重视。科学家们在进行了大量的理论和实验研究后，发现在大脑的神经系统中，混沌现象不仅出现在微观的神经元、神经网络中，而且在宏观的脑电波（EEG）和脑磁场（EMG）中也有存在。根据Tsuda的说法，作为一种确定动力学系统中的不规则运动，混沌在人类记忆思维过程中主要起记忆的媒介物、记忆搜索、存储新的记忆信息的作用。

同混沌系统一样，神经网络也是高度非线性动力学系统，二者存在着密切的联系。鉴于这种密切的联系，人们便将神经网络和混沌相结合形成混沌神经网络，人们认为它是可实现真实世界计算的智能信息处理系统之一。到目前为止，随着对混沌神经网络研究的不断深入，多种混沌神经网络模型被提出，大致可以分为三大类：

（1）由Aihara根据动物实验提出的混沌神经网络模型。

（2）由Inoue以及Knakeo等提出的耦合混沌神经元网络模型。

（3）由Chen和Aihara、Wang和Smith以及Hayakwa等提出的将传统的Hopfield神经网络进行适当的变换之后得到的一些具有混沌特性的神经网络模型。

7.2.1.2 BP 神经网络

神经网络是由大量的处理单元（神经元）广泛互联而成的网络，其主要特点是复杂的非线性动力学、网络的全局作用、大规模并行处理及高级的学习联想能力，网络的学习和识别决定各神经元连接权系的动态演变过程。神经元是神经网络的基本处理单元，一般是多输入单输出的非线性器件，其结构模型如图 7－2 所示。

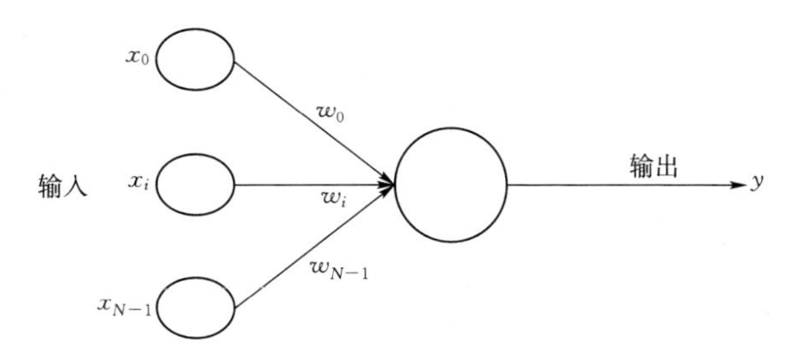

图 7－2　神经元模型

x_i -输入信号；w_i -连接权值；y -神经元的输出

$$y = f\left(\sum_i w_i x_i + \theta\right) \tag{7-9}$$

式中：θ 为阈值；f 为作用函数，常用 S 型函数表示，即

$$f(x) = \frac{1}{1 + e^{-x}} \tag{7-10}$$

BP（Back Propagation）神经网络是 1986 年由 Rumelhart 和 McCelland 为首的科学家小组提出，是误差反向传播的多层前馈式网络，是人工神经网络中最具代表性和应用最为广泛的一种网络。BP 神经网络能学习和存储大量的输入-输出模式映射关系，而无需事前揭示描述这种映射关系的数学方程。它的学习规则是使用最速下降法，采用反向传播的方法进行网络的权值和阈值不断调整，使得网络的误差平方和达到最小。

BP 神经网络模型拓扑结构包括输入层（input layer）、隐含层（hidden layer）和输出层（output layer）。图 7－3 所示的是一个典型的三层 BP 神经网络。

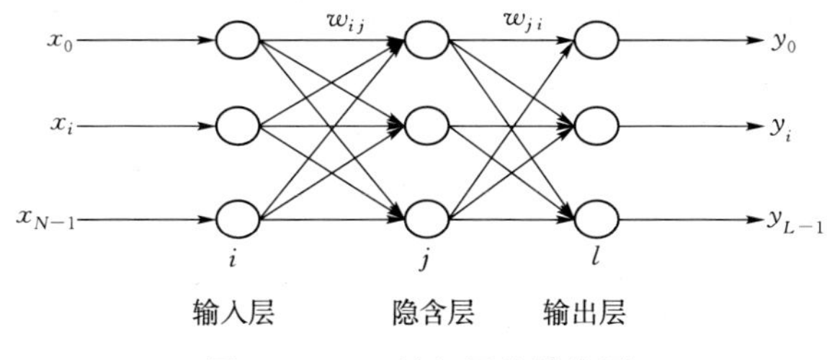

图 7－3　BP 神经网络结构图

网络的学习过程包括网络内部的前向计算和误差的反向传播计算，具体如下：

(1) 内部的前向计算。输入层节点 i 的输出等于输入 x_i，隐含层、输出节点 j 的输入、输出分别为

$$\text{net}_j = \sum_i w_{ij} x_i + \theta_j \tag{7-11}$$

$$\theta_j = f(\text{net}_j) = 1/(1 + \mathrm{e}^{-\text{net}_j}) \tag{7-12}$$

式中：w_{ij} 为节点 j 与上一层节点 i 的连接权值；θ_j 为节点 j 的阈值。

(2) 误差的反向传播计算。根据权值修改规则：

$$w_{ij}(k+1) = w_{ji}(k) + \alpha\delta_j\sigma_j + \eta[w_{ji}(k) - w_{ji}(k-1)] \tag{7-13}$$

式中：k 为迭代步数；$\eta(0 < \eta < 1)$ 为惯性因子；α 为学习率。

输出层和隐含层间有

$$\delta_j = f(\text{net}_j)(t_j - o_j) = (t_j - o_j)\sigma_j(1 - \sigma_j) \tag{7-14}$$

式中：t_j 为节点 j 的目标输出。

输入层和隐含层间有

$$\delta_j = \sigma_j(1 - \sigma_j)\sum_i w_{ij}\delta_i \tag{7-15}$$

$$\alpha = \mu / \sum_j [\sigma_i(k)]^2, 0 < \alpha < 1 \tag{7-16}$$

学习率表示网络规模和网络状态的函数，由于它是自动计算而确定的，因此称之为自适应学习率。μ 表示控制因子常数，它能够使得学习过程比较平稳。

上述前向计算和误差反向计算循环至收敛。设最小误差为 $E_{\min}$，若某一样本产生的绝对误差小于 $E_{\min}$ 时则不进行误差反向传播计算。误差采用绝对误差函数，即

$$E = |t_{pl} - y_{pl}| \tag{7-17}$$

式中：t_{pl}、y_{pl} 分别为第 p 个样本第 l 个输出单元的目标输出和实际输出。此即绝对误差等距法。网络的训练仍采用基本 BP 算法进行权、阈值的修正，误差准则采用平均误差和函数，只有那些输出误差大于 $E_{\min}$ 的神经元节点才参与相关权、阈值的修正。

7.2.2 预测方法

混沌时间序列的预测一般都建立在重构相空间的基础上，一般方法是对时间序列进行重构相空间，以实现将预测转化为对相空间中相点演化轨迹的跟踪。设有混沌时间序列 $\{x(i), i = 1, 2, \cdots, N\}$，其中 N 是给定时间序列的长度。根据所求混沌时间序列的嵌入维数和延迟时间，采用延迟坐标法进行相空间的重构，即

$$Y=\begin{bmatrix} x_1 & x_{1+\tau} & x_{1+2\tau} & \cdots & x_{1+(m-1)\tau} \\ x_2 & x_{2+\tau} & x_{2+2\tau} & \cdots & x_{2+(m-1)\tau} \\ x_3 & x_{3+\tau} & x_{3+2\tau} & \cdots & x_{3+(m-1)\tau} \\ \vdots & \vdots & \vdots & & \vdots \\ x_{N-(m-1)\tau} & x_{N-(m-1)\tau+\tau} & x_{N-(m-1)\tau+2\tau} & \cdots & x_N \end{bmatrix} \tag{7-18}$$

根据 Takens 定理，要使得重构的相空间与原系统在同胚意义下动力学等价，需要合适的嵌入维数 m 和延迟时间 τ 。因此，必有一光滑映射：$F:R^m \rightarrow R^m$ 成立，F 为重构函数，且是连续的非线性函数，$Y_i=(x_i,x_{i+\tau},\cdots,x_{i+(m-1)\tau})$ 。

$$\begin{bmatrix} x_1 & x_{1+\tau} & x_{1+2\tau} & \cdots & x_{1+(m-1)\tau} \\ x_2 & x_{2+\tau} & x_{2+2\tau} & \cdots & x_{2+(m-1)\tau} \\ x_3 & x_{3+\tau} & x_{3+2\tau} & \cdots & x_{3+(m-1)\tau} \\ \vdots & \vdots & \vdots & & \vdots \\ x_{N-(m-1)\tau} & x_{N-(m-1)\tau+\tau} & x_{N-(m-1)\tau+2\tau} & \cdots & x_N \end{bmatrix} \Rightarrow$$

$$\begin{bmatrix} x_2 & x_{2+\tau} & x_{2+2\tau} & \cdots & x_{2+(m-1)\tau} \\ x_3 & x_{3+\tau} & x_{3+2\tau} & \cdots & x_{3+(m-1)\tau} \\ x_4 & x_{4+\tau} & x_{4+2\tau} & \cdots & x_{4+(m-1)\tau} \\ \vdots & \vdots & \vdots & & \vdots \\ x_{N+1-(m-1)\tau} & x_{N+1-(m-1)\tau+\tau} & x_{N+1-(m-1)\tau+2\tau} & \cdots & x_{N+1} \end{bmatrix} \tag{7-19}$$

理论上讲，重构函数 F 是唯一的，但是在实际应用中由于所观测的数据长度有限和存在误差，往往可以得到 F 的一个近似值 F' 。

预测模型中，存在 $f:R^m \rightarrow R^1$ ，成立。

$$x_{i+(m-1)\tau+1}=f(x_i,x_{i+\tau},\cdots,x_{i+(m-1)\tau}) \tag{7-20}$$

此外，即

$$x_{i+(m-1)\tau+1}=f(Y_i)(i=1,2,\cdots,M) \tag{7-21}$$

这里，通过证明，可以得到 f 和 F 在理论上是等价的。因此，相空间中相点的演化就可以用 f 来表示。

基于神经网络的混沌时间序列预测就是实现式（7－22）的映射。

$$\begin{bmatrix} x_1 & x_{1+\tau} & x_{1+2\tau} & \cdots & x_{1+(m-1)\tau} \\ x_2 & x_{2+\tau} & x_{2+2\tau} & \cdots & x_{2+(m-1)\tau} \\ x_3 & x_{3+\tau} & x_{3+2\tau} & \cdots & x_{3+(m-1)\tau} \\ \vdots & \vdots & \vdots & & \vdots \\ x_{N-(m-1)\tau} & x_{N-(m-1)\tau+\tau} & x_{N-(m-1)\tau+2\tau} & \cdots & x_N \end{bmatrix} \Rightarrow \begin{bmatrix} x_{2+(m-1)\tau} \\ x_{3+(m-1)\tau} \\ x_{4+(m-1)\tau} \\ \vdots \\ x_{N+1} \end{bmatrix} \tag{7-22}$$

根据所求得的嵌入维数和延迟时间，对给定的混沌时间序列进行相空间重构。

$$Y(t_i) = \{x(t_i), x(t_i+\tau), x(t_i+2\tau), \cdots, x[t_i+(m-1)\tau]\} \quad (7-23)$$

$Y(t_i+\tau)$ 为时间延迟 τ 后的状态，即

$$Y(t_i+\tau) = [x(t_i+\tau), x(t_i+2\tau), x(t_i+3\tau), \cdots, x(t_i+m\tau)] \quad (7-24)$$

选用嵌入相空间的最佳嵌入维数作为神经网络的输入节点，$Y(t_i)$ 表示的是时间序列，$Y[i]$ 为输入层节点第 i 个输入，所得网络模型如下：

$$Y[i] = y[t+(m-1)\tau] \quad (7-25)$$

$$r = f\left(\sum_{i=1}^{m}\omega[i]Y[i]\right) \quad (7-26)$$

式中；r 为神经网络的输出；ω 为网络连接权重；f 为非线性 S 函数；τ 为嵌入空间的延迟时间。网络采用误差反向传播的前馈网络（BP 网络），网络层数选择为三层，输出层采用线性函数为传递函势。

网络输入为 $x(t_i), x(t_i+\tau), x(t_i+2\tau), \cdots, x[t_i+(m-1)\tau]$，$m$ 个输入，m 个隐层单元节点，输出 $x(t_i+m\tau)$，为了避免网络陷入局部极小值，减少训练时间，采用附加动量和梯度下降混合算法。

基于 BP 神经网络的混沌时间序列预测模型具体步骤为：

（1）建立网络，根据混沌时间序列计算出嵌入维数 m，用 m 作为网络的输入个数，按照上面的具体步骤建立网络。

（2）学习阶段，用 BP 神经网络对重构后的混沌时间序列进行拟合。

（3）根据学习好 BP 神经网络来预测未来值。

7.2.3 地下水埋深预测

采用人民胜利渠灌区及各分区 1993—2012 年 240 个月的地下水埋深数据进行相空间重构和建模，对 2013 年 12 个月的数据进行预测。

利用 Matlab，以人民胜利渠灌区及各分区 1993—2012 年 240 个月地下水埋深数据训练网络，以 2013 年数据作为模型检验，做预报期为 1 个月的短期滑动预报。BP 网络训练中，训练速率为 0.1，动量因子为 0.9，允许误差为 0.001。

根据上面确定的 BP 神经网络结构，通过网络的生成和训练，得到了用于拟合和预测地下水埋深的 BP 神经网络模型。利用该模型对灌区及各分区 2013 年地下水埋深进行预测，并将预测结果与 2013 年实际埋深相比较，其结果见表 7-3～表 7-8。

表 7-3　灌区 2013 年地下水埋深预测值与实测值对比表

月份	实测值/m	预测值/m	绝对误差/m	相对误差/%	合格性
1	5.96	6.09	−0.13	2.23	合格
2	5.86	6.05	−0.19	3.30	合格

续表

月份	实测值/m	预测值/m	绝对误差/m	相对误差/%	合格性
3	6.06	6.11	−0.05	0.86	合格
4	6.30	6.08	0.22	3.43	合格
5	6.71	6.12	0.59	8.76	合格
6	6.96	6.22	0.74	10.60	不合格
7	6.78	6.18	0.60	8.86	合格
8	6.62	6.23	0.39	5.89	合格
9	6.80	6.35	0.45	6.68	合格
10	6.80	6.51	0.29	4.25	合格
11	6.92	6.45	0.47	6.73	合格
12	6.87	6.42	0.45	6.57	合格

模型预测最大相对误差为10.60%，平均相对误差为5.68%，合格率为91.7%。

表7-4　Ⅰ分区2013年地下水埋深预测值与实测值对比表

月份	实测值/m	预测值/m	绝对误差/m	相对误差/%	合格性
1	5.08	5.15	−0.07	1.32	合格
2	4.99	5.14	−0.15	2.99	合格
3	5.13	5.16	−0.03	0.52	合格
4	5.44	5.14	0.30	5.44	合格
5	5.56	5.10	0.46	8.34	合格
6	5.42	5.02	0.40	7.46	合格
7	5.38	5.09	0.29	5.33	合格
8	5.40	5.10	0.30	5.54	合格
9	5.37	5.05	0.32	5.97	合格
10	5.30	5.05	0.24	4.59	合格
11	5.32	5.12	0.20	3.81	合格
12	5.47	5.12	0.35	6.31	合格

Ⅰ分区模型预测最大相对误差为8.34 %，平均相对误差为4.80 %，合格率为100%。

表 7-5　　Ⅱ分区 2013 年地下水埋深预测值与实测值对比表

月份	实测值/m	预测值/m	绝对误差/m	相对误差/%	合格性
1	9.34	9.23	0.10	1.11	合格
2	9.68	9.17	0.50	5.22	合格
3	9.57	9.13	0.45	4.67	合格
4	10.12	9.05	1.07	10.53	不合格
5	10.44	8.81	1.63	15.62	不合格
6	10.57	8.85	1.73	16.34	不合格
7	9.70	8.79	0.91	9.36	合格
8	9.07	8.99	0.08	0.90	合格
9	9.93	9.47	0.47	4.70	合格
10	9.99	9.44	0.55	5.48	合格
11	9.91	9.37	0.54	5.41	合格
12	9.95	9.27	0.68	6.79	合格

Ⅱ分区模型预测最大相对误差为 16.34 %，平均相对误差为 7.18 %，合格率为 75 %。

表 7-6　　Ⅲ分区 2013 年地下水埋深预测值与实测值对比表

月份	实测值/m	预测值/m	绝对误差/m	相对误差/%	合格性
1	6.02	5.92	0.10	1.68	合格
2	5.86	6.20	−0.34	5.76	合格
3	7.06	6.15	0.91	12.92	不合格
4	7.61	6.86	0.75	9.86	合格
5	8.53	7.49	1.04	12.19	不合格
6	9.29	8.37	0.92	9.92	合格
7	7.46	8.17	−0.71	9.52	合格
8	6.83	7.19	−0.36	5.26	合格
9	7.31	6.88	0.43	5.83	合格
10	8.15	7.51	0.64	7.84	合格
11	8.11	7.42	0.69	8.49	合格
12	7.36	6.88	0.48	6.49	合格

Ⅲ分区模型预测最大相对误差为 12.92 %，平均相对误差为 7.98%，合格率为 83.3%。

表 7-7　　Ⅳ分区2013年地下水埋深预测值与实测值对比表

月份	实测值/m	预测值/m	绝对误差/m	相对误差/%	合格性
1	5.61	5.76	−0.15	2.70	合格
2	5.2	5.97	−0.77	14.90	不合格
3	5.34	5.52	−0.18	3.30	合格
4	5.43	6.32	−0.89	16.46	不合格
5	5.67	5.05	0.62	10.87	不合格
6	5.89	6.63	−0.74	12.61	不合格
7	6.14	6.05	0.09	1.46	合格
8	5.68	5.89	−0.21	3.75	合格
9	6.11	5.57	0.54	8.89	合格
10	6.1	6.12	−0.02	0.35	合格
11	6.52	5.91	0.61	9.39	合格
12	6.59	6.71	−0.12	1.80	合格

Ⅳ分区模型预测最大相对误差为16.46 %，平均相对误差为7.21%，合格率为66.7 %。

表 7-8　　Ⅴ分区2013年地下水埋深预测值与实测值对比表

月份	实测值/m	预测值/m	绝对误差/m	相对误差%	合格性
1	5.88	5.50	0.38	6.43	合格
2	5.83	5.56	0.26	4.54	合格
3	5.79	5.62	0.17	3.01	合格
4	5.93	5.64	0.29	4.85	合格
5	6.28	5.78	0.50	7.95	合格
6	6.50	5.98	0.53	8.09	合格
7	6.76	6.18	0.58	8.60	合格
8	6.79	6.31	0.47	6.99	合格
9	6.82	6.26	0.56	8.26	合格
10	6.64	6.03	0.61	9.18	合格
11	6.76	6.32	0.44	6.45	合格
12	6.79	6.25	0.53	7.86	合格

Ⅴ分区模型预测最大相对误差为9.18 %，平均相对误差为6.85 %，合格

率为 100%。

由表 7-3～表 7-8 可以看出，该模型预测误差较小，预测精度比较高，可以用于灌区地下水埋深的预测上。

本节介绍了基于混沌相空间重构的 BP 网络模型的建模步骤，并说明了利用该模型进行时间序列预测的方法及原理。根据灌区及各分区地下水埋深时间序列相空间重构的结果，采用所求的嵌入维数作为神经网络的输入节点，以人民胜利渠灌区及各分区 1993—2012 年 240 个月的地下水埋深数据训练网络，以 2013 年数据作为模型检验，做预报期为 1 个月的短期滑动预报，得到预测结果为：灌区地下水埋深预测的平均相对误差为 5.68%，合格率为 91.7%；Ⅰ分区预测的平均相对误差为 4.80%，合格率为 100%；Ⅱ分区预测的平均相对误差为 7.18%，合格率为 75%；Ⅲ分区预测的平均相对误差为 7.98%，合格率为 83.3%；Ⅳ分区预测的平均相对误差为 7.21%，合格率为 66.7%；Ⅴ分区预测的平均相对误差为 6.85%，合格率为 100%。预测结果比较准确，预测精度较高。

7.3 基于小波分解与 Elman 神经网络的地下水预测模型

地下水埋深序列具有随机性、不确定性与非平稳性较大的特点，这给科学准确预测地下水埋深带来一定难度。Elman 网络因其对非线性与不确定性问题的自主适应性较强，被应用于多个领域非线性序列的预测。小波分解是处理非平稳信号的有效工具，其实质是通过带通滤波器将非平稳序列分解为多组不同频率的子序列，进而达到降低序列非平稳性的目的。针对地下水埋深序列自身的特点，通过降低序列的非平稳性，构建序列分解-重构的预测模型来提高预测精度，将小波分解和 Elman 网络结合构建地下水埋深预测模型。为提高灌区地下水埋深预测精度，结合小波分解和 Elman 网络的各自特点，一个新的灌区地下水埋深预测模型被提出，并结合实例进行的应用。

7.3.1 理论与方法

7.3.1.1 小波分解

小波分解就是利用小波基函数将原始信号分解成各个频率的子分量，再将子分量信号分别进行重新构建，以此获得和原信息尺度一致的多层信息。利用此思路，可以将灌区多年的地下水埋深时间序列进行分解，变为振幅、频率、波长不同的子分量，从而降低地下水埋深序列的非平稳性。

设 $\varphi(t)$ 为一平方可积函数，即 $\varphi(t) \in L^2(R)$，若其傅里叶变换 $\psi(\omega)$ 满足可容性条件 $\int_R \psi(\omega)\mathrm{d}\omega < \infty$，则称 $\varphi(t)$ 为基小波函数，通过将 $\varphi(t)$ 进行伸缩或

平移，一个新的小波序列可得到，其函数表达式为

$$\psi_{a,b}(t) = (1/\sqrt{|a|})\psi[(t-b)/a],\ a,b \in R \text{ 且 } a \neq 0 \tag{7-27}$$

式中：a 为收缩因子；b 为平移因子。

对于任意函数 $f(t) \in L^2(R)$ 的连续小波变换可表示为 $W_f(a,b) \leqslant f;\psi_{a,b} \geqslant |a|^{-1/2}\int_R f(t)\psi[(t-b)/a]\mathrm{d}t$。记 $W_f(a,b) = a^{-1/2}\psi[(t-b)/a]$。

多分辨率分析是小波分析中的一种分解算法，Mallat 算法是多分辨率分析中最为常见的算法，其原理为：运用 Mallat 算法对信号进行分解，得到低频部分与高频部分，第二次分解再将上次分解的低频信号再分解成低频和高频两部分，以此类推。Mallat 算法如下所示：

$$a_{j+1,k} = \sum_m h(m-2k)a_{j,m} \tag{7-28}$$

$$d_{j+1,k} = \sum_m g(m-2k)a_{j,m} \tag{7-29}$$

式中：$a_j = \{a_{j,1}, a_{j,2}, \cdots, a_{j,k}\}$ 为第 j 层近似系数，代表低频部分信息；$d_j = \{d_{j,1}, d_{j,2}, \cdots, d_{j,k}\}$ 为第 j 层细节系数，代表高频部分的信息；$h = \{h_j\}_{j\in z}$，$g = \{g_j\}_{j\in z}$ 分别代表低通和高通滤波器。

通过重构各个层的小波系数，使得其恢复原有序列长度，保证尺度的一致性。小波系数的重构公式如下：

$$a_{j-1,m} = \sum_k a_{j,k}h(m-2k) + \sum_k d_{j,k}g(m-2k) \tag{7-30}$$

小波分解的实现步骤如图 7-4 所示。

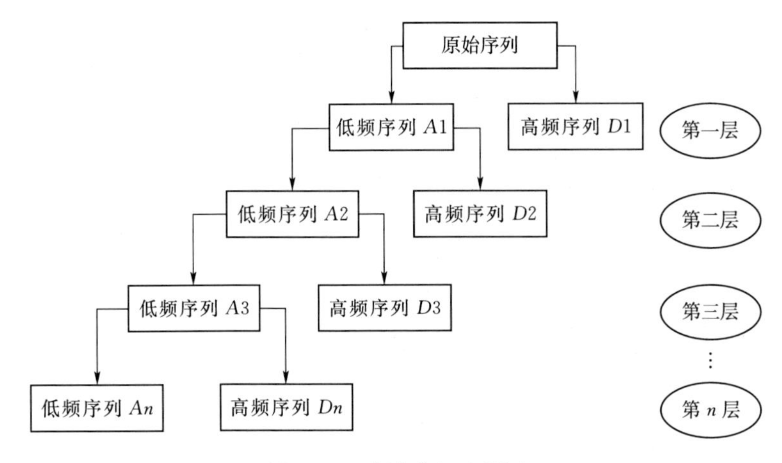

图 7-4　小波分解流程图

对同一地下水埋深序列，选用不同的小波基函数，分解得到的子分量也会有所不同，这体现在各频域子分量在地下水埋深序列中所占的比例。对地下水

埋深序列进行分解，属于离散小波分析的范畴，因此选择 db5 小波基函数用于离散小波分析。

7.3.1.2 Elman 网络

Elman 网络是应用较为广泛的一种典型的动态递归神经网络，它是在 BP 神经网络结构的基础上增加了一个隐含层作为承接层，承接层用来记忆隐含层单元前一时刻的输出值，从而使该系统具有较强的适应时变的特性，可以用来解决快速寻优的问题。Elman 神经网络的结构如图 7－5 所示。

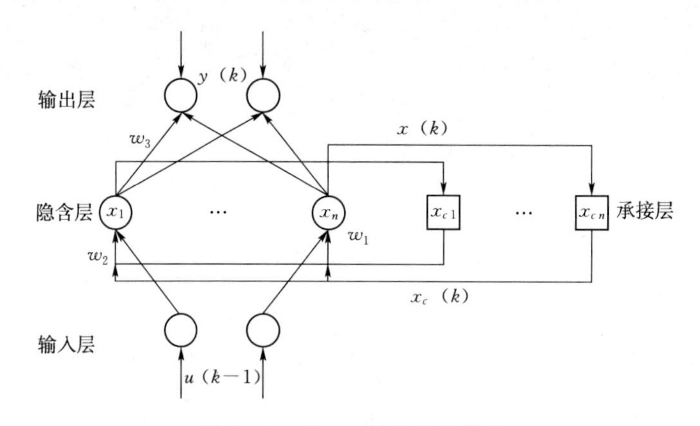

图 7－5　Elman 神经网络结构

u—r 维输入向量；y—m 维输出向量；x_c—n 维反馈状态向量；w_1、w_2、w_3—各层间的连接权重

Elman 神经网络表达式为

$$y(k)=g[w_2x(k)] \tag{7-31}$$

$$x(k)=f\{w_2x_c(k)+w_2[u(k-1)]\} \tag{7-32}$$

$$x_c(k)=x(k-1)+ax_c(k-1) \tag{7-33}$$

式中：$f\{\ \}$ 为隐含层神经元的激活函数；$g[\ ]$ 为输出神经元的激活函数；a 为反馈增益因子，$0\leqslant a<1$。当 $a=0$ 时，神经网络是标准的 Elman 网络；$a\neq 0$ 时，神经网络为修改后的 Elman 网络。

7.3.2 基于小波分解和 Elman 网络的耦合模型

基于小波分解原理，分解后的各频域分量对原始序列的贡献率各不相同，针对灌区地下水埋深序列，对其贡献率较大的分量在一定程度决定着序列的变化，可以理解为其变化的驱动因素。因此，地下水埋深的预测就可以分解为对其各分量的预测，然后求和。

基于小波分解- Elman 的耦合模型的计算步骤如下：

(1) 利用 Matlab 软件小波分解模块，将研究区 1984—2012 年的地下水埋深月时间序列分解为高频分量和低频分量。

（2）将1984—2010年地下水埋深的低频分量和高频分量作为小波分解的训练数据，2011—2012年低频分量和高频分量作为小波分解的测试数据。

（3）利用Matlab软件Elman网络模块，对研究区2011—2012年地下水埋深序列的低频分量和高频分量分别进行预测。

（4）将分别预测的低频分量和高频分量进行累加还原，得到地下水埋深的预测值。

7.3.3 灌区地下水埋深预测

7.3.3.1 数据来源

应用数据来源于人民胜利渠灌区地下水监测井1994—2012年实测数据，其变化曲线如图7-6所示。

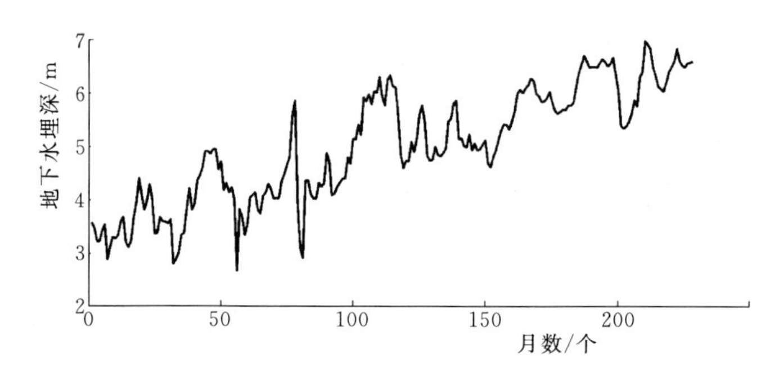

图7-6 人民胜利渠灌区1994—2012年地下水埋深变化曲线

从图7-6中可以看出，1994—2012年，人民胜利渠灌区的地下水埋深整体呈现出上升的趋势，且伴随着一定的波动性，各阶段的波动幅度不一致，这验证了地下水埋深具有不确定性、非平稳性，从侧面反映论文选用小波分解方法的合理性。

7.3.3.2 小波分解

按照前面小波分解的步骤，对人民胜利渠灌区1994—2012年的地下水埋深数据进行小波分解，设置小波基函数为db5，分解层数为7，分解结果如图7-7所示。

从图7-7可以看出，地下水埋深序列被分解为7个高频分量（D1～D7）和1个低频分量（A7）。从D1～D7频率逐渐减小，波长变短，波动性减弱。7个高频分量数值均小，低频分量数值较大，由此可见，低频分量的变化对地下水埋深的影响最大，是其演变的主要驱动因素。地下水埋深原始序列经小波分解后，序列的波动性、非平稳性均有所降低，这为后期Elman神经网络的预测效果提供了良好的保障。

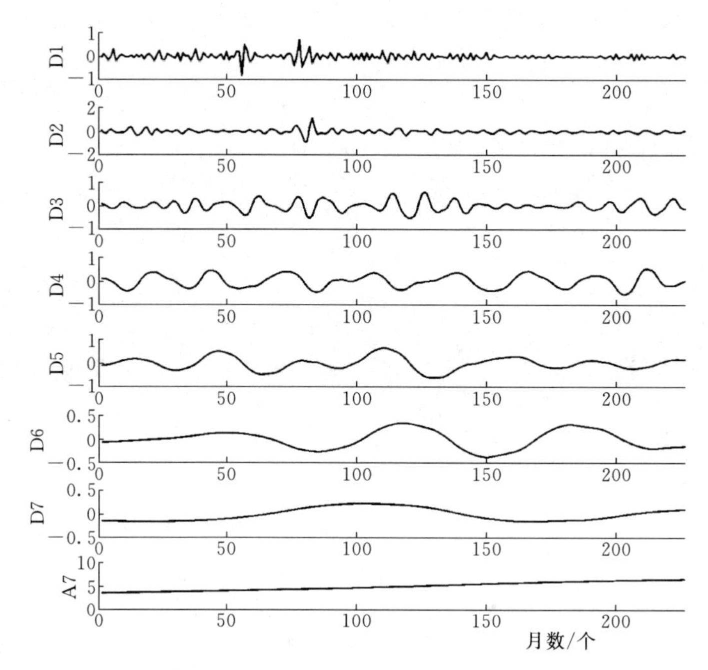

图 7-7　人民胜利渠灌区 1994—2012 年地下水埋深小波分解

7.3.3.3　地下水埋深预测

以 1994—2010 年的地下水埋深序列分解后的高频和低频分量作为训练样本，2011—2012 年的分量作为测试样本。

Elman 神经网络隐含层神经元传递函数为 tansig，网络训练函数为 traingdx，输出层神经元传递函数为 purelin。经过网络测试，训练目标误差为 10^{-4}，网络训练次数为 1000 次，最优隐含层节点数为 10。

利用训练好的 Elman 神经网络模型对研究区 2011—2012 年的地下水埋深各分量分别进行预测，结果如图 7-8～图 7-15 所示。

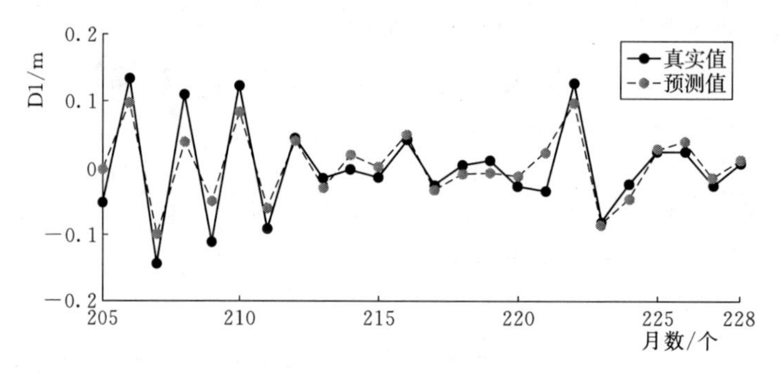

图 7-8　2011—2012 年地下水埋深高频分量 D1 预测结果图

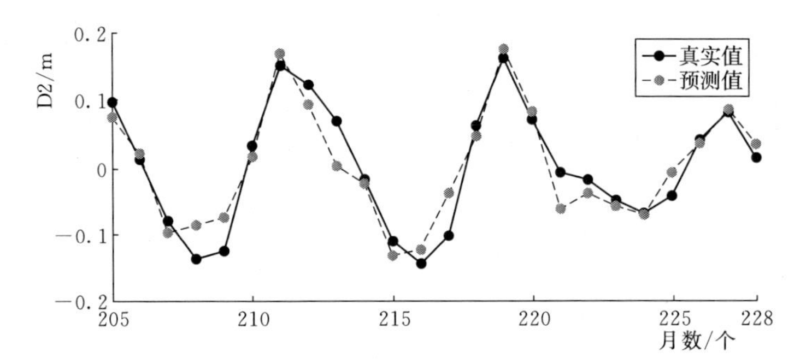

图 7-9　2011—2012 年地下水埋深高频分量 D2 预测结果图

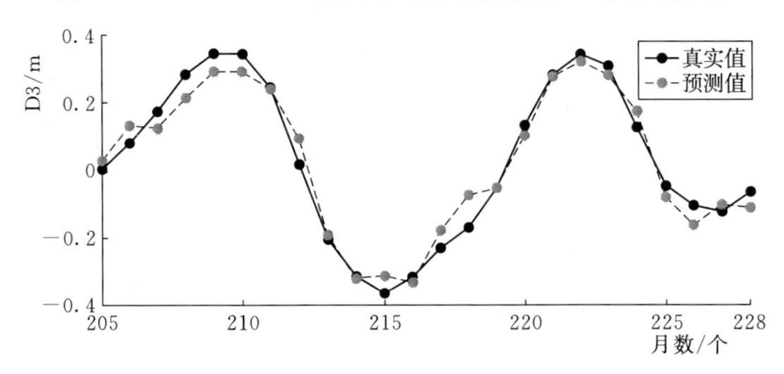

图 7-10　2011—2012 年地下水埋深高频分量 D3 预测结果图

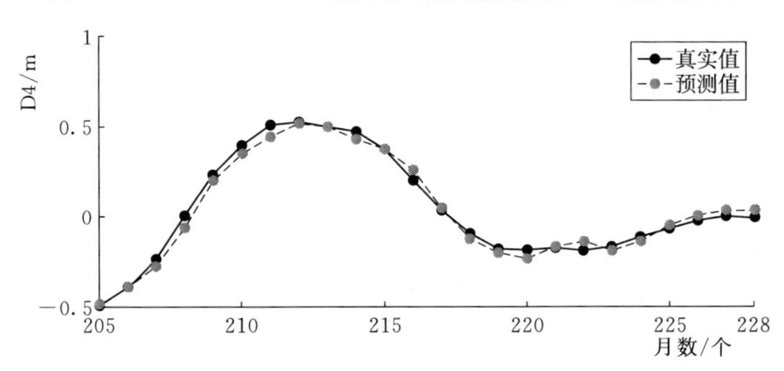

图 7-11　2011—2012 年地下水埋深高频分量 D4 预测结果图

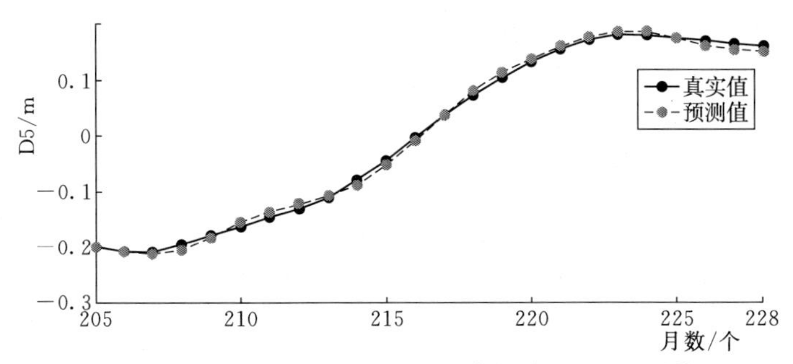

图 7-12　2011—2012 年地下水埋深高频分量 D5 预测结果图

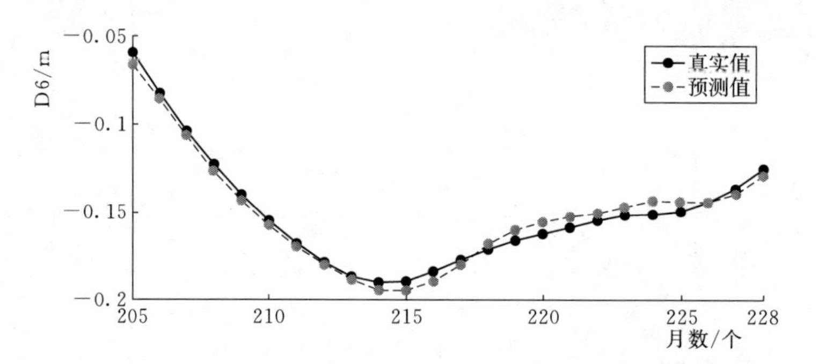

图 7-13　2011—2012 年地下水埋深高频分量 D6 预测结果图

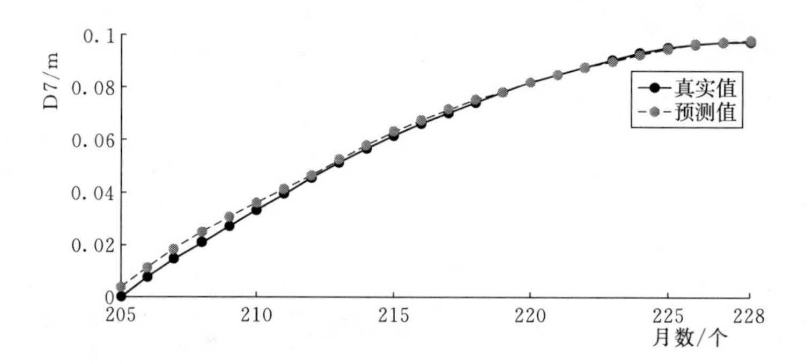

图 7-14　2011—2012 年地下水埋深高频分量 D7 预测结果图

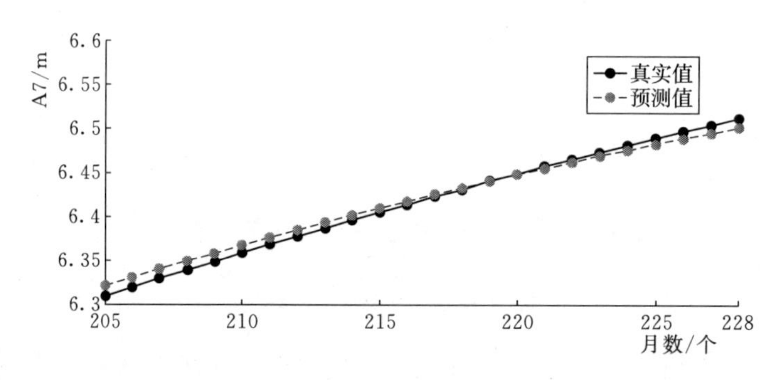

图 7-15　2011—2012 年地下水埋深低频分量 A7 预测结果图

由图 7-8～图 7-15 可以看出，地下水埋深经过 db5 小波分解后，地下水埋深的高频分量与低频分量均取得良好的预测效果，但第一层高频分量 D1 与第二层高频分量 D2 的预测效果略差，究其原因在于非平稳性较大。然而随着分解层数的增加，随后高频分量（D3～D7）的平稳性也越来越好，预测效果也越佳，最后一层高频分量 D7 与低频分量具有最佳的预测效果。各分量的预测误差见表 7-9。

表 7-9　　地下水埋深高频分量与低频分量的相对误差　　%

预测项	最大相对误差	最小相对误差	平均相对误差
D1	180.54	5.80	65.27
D2	138.72	3.00	41.70
D3	89.00	2.18	27.79
D4	40.32	0.94	19.31
D5	31.24	0.14	6.63
D6	11.36	0.03	2.79
D7	13.30	0.05	2.60
A7	0.18	0.01	0.10

由表7-9可以看出，前四层高频分量的最大相对误差、最小相对误差、相对误差平均值均较大，D1的这三个值分别为180.54%、5.80%、65.27%，D2的这三个值分别为138.72%、3.00%、41.70%，D3的这三个值分别为89.00%、2.18%、27.79%，D4的这三个值分别为40.32%、0.94%、19.31%。在高频分量中，D6的预测效果比较好，最大相对误差、最小相对误差、相对误差平均值分别为11.36%、0.03%、2.79%，低频分量A7的预测效果最好，最大相对误差、最小相对误差、相对误差平均值分别为0.18%、0.01%、0.10%。虽然高频分量D1～D4的预测效果较差，由于这些分量在地下水埋深序列中所占比重较小，故不会影响地下水埋深的整体误差。

人民胜利渠灌区2011—2012年地下水埋深预测的spearman相关性分析见表7-10。

表 7-10　人民胜利渠灌区2011—2012年地下水埋深预测的spearman相关性分析

项目	地下水埋深	D1	D2	D3	D4	D5	D6	D7	A7
地下水埋深	1.000	0.095	0.160*	0.157*	0.254**	0.246**	0.121	0.287**	0.879**
D1	0.095	1.000	−0.003	−0.027	0.002	0.005	0.018	−0.006	−0.010
D2	0.160*	−0.003	1.000	−0.029	0.021	−0.023	0.027	0.018	0.025
D3	0.157*	−0.027	−0.029	1.000	−0.032	0.033	−0.019	−0.019	−0.009
D4	0.254**	0.002	0.021	−0.032	1.000	−0.015	−0.003	−0.013	0.019
D5	0.246**	0.005	−0.023	0.033	−0.015	1.000	−0.030	−0.045	0.014
D6	0.121	0.018	0.027	−0.019	−0.003	−0.030	1.000	−0.033	−0.056

续表

项目	地下水埋深	D1	D2	D3	D4	D5	D6	D7	A7
D7	0.287**	−0.006	0.018	−0.019	−0.013	−0.045	−0.033	1.000	0.288**
A7	0.879**	−0.010	0.025	−0.009	0.019	0.014	−0.056	0.288**	1.000

注 *表示在置信度（双测）为 0.05 时，相关性是显著的。**表示在置信度（双测）为 0.01 时，相关性是显著的。

由表 7-10 可以看出，地下水埋深序列经过小波分解后高频分量（D1～D7）相关性有增强的趋势，低频分量 A7 与地下水埋深的相关性最强，相关系数高达 0.879，具有高显著性，说明构建的模型具有一定的代表性，可以在一定的范围内预测地下水埋深。

人民胜利渠灌区地下水埋深的预测误差见表 7-11。

表 7-11　　人民胜利渠灌区 2011—2012 年的地下水埋深预测误差

年份	月份	实际值/m	预测值/m	绝对误差	相对误差/%	平均相对误差/%
2011	1	5.62	5.70	0.08	1.4	2.2
	2	5.87	5.94	0.07	1.2	
	3	5.75	5.72	−0.03	0.5	
	4	6.30	6.16	−0.14	2.2	
	5	6.40	6.46	0.06	0.9	
	6	6.97	6.91	−0.06	0.9	
	7	6.91	6.97	0.06	0.9	
	8	6.82	6.92	0.10	1.5	
	9	6.49	6.44	−0.05	0.8	
	10	6.32	6.29	−0.03	0.5	
	11	6.12	6.18	0.06	1.0	
	12	6.08	6.14	0.06	1.0	
2012	1	6.03	6.14	0.11	1.8	
	2	6.21	6.25	0.04	0.6	
	3	6.40	6.39	−0.01	0.2	
	4	6.49	6.42	−0.07	1.1	
	5	6.60	6.62	0.02	0.3	
	6	6.83	6.81	−0.02	0.3	

续表

年份	月份	实际值 /m	预测值 /m	绝对误差	相对误差 /%	平均相对误差 /%
2012	7	6.60	6.56	－0.04	0.6	2.2
	8	6.52	6.54	0.02	0.3	
	9	6.48	8.47	1.99	30.7	
	10	6.56	6.43	－0.13	2.0	
	11	6.57	6.61	0.04	0.6	
	12	6.59	6.45	－0.14	0.19	

7.3.3.4 小结

地下水埋深序列经过小波分解以后，其随机性、波动性明显降低，这为 Elman 网络做预测提供了良好的精度保障。构建的基于小波分解－Elman 的灌区地下水预测模型具有良好的预测效果，平均相对误差为 2.2%，合格率为 100%。前四层高频分量的预测误差相对较大，由于这些分量在地下水埋深中所占比重非常小，对总体预测效果影响较小。低频分量的数值较大，平稳性较好，预测效果最佳。随着分解层数的增加，地下水埋深子分量与地下水埋深的相关性有增强的趋势，地下水埋深子分量的平稳性也越来越好。通过将原序列分解成各个频域的子分量，则原序列预测值等于各频域子分量的预测值之和，这种分解-重构的预测模式对其他方面时间序列数据的预测也有一定借鉴意义。

7.4 基于 CEEMD－NAR 耦合模型的灌区地下水埋深预测

互补集合经验模态分解（Complementary Ensemble Empirical Mode Decomposition，CEEMD）通过从原信号中提取固有模态函数（IMF），从而分离信号的低频与高频部分，来实现对非平稳化序列的平稳化处理。而 NAR 神经网络具有较强的自主学习适应能力及泛化能力，在非线性时间序列预测中被广泛应用。本节结合 CEEMD 和 NAR 神经网络的优势，建立了基于 CEEMD 和 NAR 网络的地下水埋深预测耦合模型，并将其应用于人民胜利渠灌区的地下水埋深预测中。

7.4.1 理论与方法

7.4.1.1 CEEMD

经验模态分解（Empirical Mode Decomposition，EMD）是依据数据自身的时间尺度特征来进行信号分解，在处理非平稳及非线性数据上具有非常明显的优势。集合经验模态分解（Ensemble EMD，EEMD）是经验模态分解的改进算法，相比于EMD，EEMD在信号中加入了高斯白噪声，改变极值点的特性，使信号在不同尺度上具有连续性，有效抑制EMD分解的混叠现象，但加入白噪声会残留在分量信号中，造成信号的重构误差。

与EEMD方法不同，CEEMD在原始信号中添加了互为相反的白噪声，让CEEMD不仅具有降低序列的非平稳性，将非平稳的时间序列转化为平稳且相互影响甚微的序列的特点，而且添加了互为相反的白噪声后，减少了信号的重构误差，使白噪声对信号进行分解的干扰最小化，分解的完备性也更好。

CEEMD分解的实现步骤如下：

（1）在原始时间序列中，随机添加 n 组均值为零的正反辅助白噪声序列，从而产生2组集合信号。

$$\begin{bmatrix} G_1 \\ G_2 \end{bmatrix} = \begin{bmatrix} 1 & 1 \\ 1 & -1 \end{bmatrix} \begin{bmatrix} S \\ N \end{bmatrix} \tag{7-34}$$

式中：G_1、G_2 为添加的正、反白噪声后时间序列信号；N 为辅助噪声信号；S 为原始信号。最后得到 $2n$ 个集合信号。

（2）利用EMD算法对每个集合信号进行分解，每个信号得到一组 $2m-1$ 个IMF分量与1个趋势项，其中第 i 个分量的第 j 个IMF分量表示 c_{ij}，m 为每个信号分解后信号个数。

（3）将相应的IMF分量与趋势项取均值作为最终分解：

$$c_j = \frac{1}{2n}\sum_{i=1}^{n} c_{ij} + \frac{1}{2n}\sum_{i=1}^{n} c_{im} \tag{7-35}$$

式中：n 为添加白噪声序列的数目，$1 \leqslant i \leqslant n$，$1 \leqslant j < m$，第 m 个为趋势余量。

7.4.1.2 NAR神经网络

NAR（Nolinear Auto Regressive Model）全称是非线性自回归模型，自回归模型是用自身做回归变量，即利用前期若干时刻的随机变量的线性组合来描述以后某时刻随机变量的非线性回归模型。该网络是一种由输入层、隐含层、输入延迟层以及输出层组成的回归神经网络。与BP神经网络不同，NAR神经网络在隐含层中增加了输入延迟层，作为延时数来记录以前的数据，从而实现对系统的动态记忆。基于NAR神经网络良好的记忆性和稳定性特点，该网络已在各个领域得到广泛应用。NAR神经网络结构示意图如图7-16所示。

图7-16中，$y(t)$ 代表输入数据；右边的 $y(t)$ 代表输出数据；1∶6代表的是输入与输出延时阶数；W 代表连接权；b 代表阈值；20代表隐含层数。NAR常见的网络模型的表达式如下：

$$y(t) = f[y(t-1),\ y(t-2), y(t-3), \cdots, y(t-n)] \tag{7-36}$$

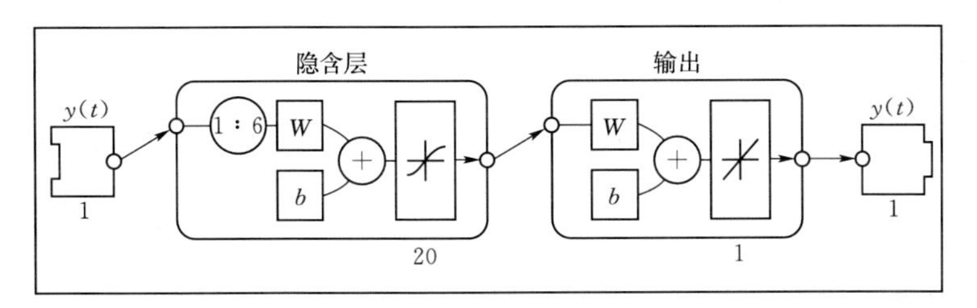

图 7－16　NAR 神经网络结构示意图

式中：n 为延时层的阶数。

通过式（7－36）可看出下一时刻的输出 $y(t-1)$ 取决于上 n 个时刻的 $y(t)$，即表明该模型具有延时性，用过去的值来推断当前的值。

NAR 神经网络延时函数结构如图 7－17 所示。

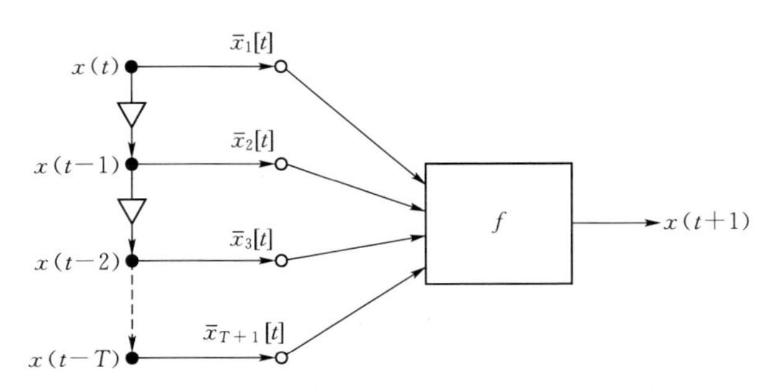

图 7－17　NAR 神经网络延时函数结构图

图 7－17 表明输出为 $x(t+1)$ 时，其结果取决于延时函数的记录，即神经网络的输入值 $x(t)$，$x(t-1)$，…，$x(t-T)$，这样使得 NAR 神经网络模型具有记录以前数据的能力。

7.4.2　CEEMD－NAR 耦合模型

从 CEEMD 分解角度来说，各 IMF 分量和趋势相对时间序列的贡献率不尽相同，可近似将 IMF 分量和趋势项看作时间的驱动因素，则时间预测就相当于 IMF 分量和趋势项的预测。

CEEMD－NAR 耦合模型具体步骤如下：

（1）CEEMD 分解。利用 Matlab 软件对原始数据进行 CEEMD 分解，得到时间序列的 IMF 分量和趋势项。

（2）划分训练数据与预测数据。将 1993—2011 年的地下水埋深的 IMF 分量和趋势项作为 NAR 网络的训练数据，2012—2013 年的 IMF 分量和趋势项作为 NAR 网络的预测数据。

（3）NAR 神经网络预测。利用 NAR 网络对 IMF 分量与趋势项的训练数据进行反复的调试，使 MF 分量与趋势项的预测到达最佳的效果。

（4）预测结果分析。最后将预测 的 IMF 分量和趋势项进行累加还原，并与原始的数据比较。

CEEMD-NAR 耦合预测模型预测流程如图 7-18 所示。

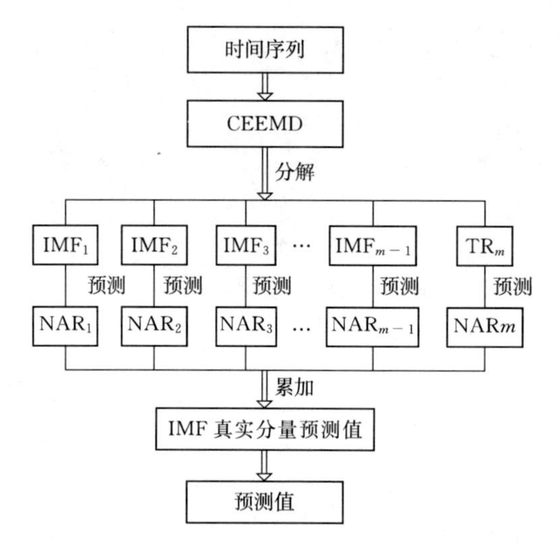

图 7-18　CEEMD-NAR 耦合预测模型预测流程图

7.4.3　灌区地下水埋深预测

7.4.3.1　CEEMD 分解

按照前面 CEEMD 分解的步骤，对人民胜利渠灌区 1993—2013 年的地下水埋深数据进行 CEEMD 分解，噪声方差取 0.2，噪声次数取 100。分解结果如图 7-19～图 7-24 所示。

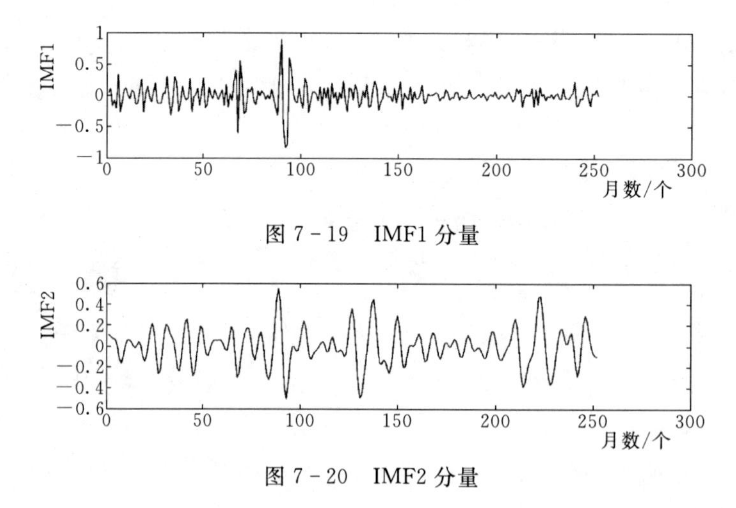

图 7-19　IMF1 分量

图 7-20　IMF2 分量

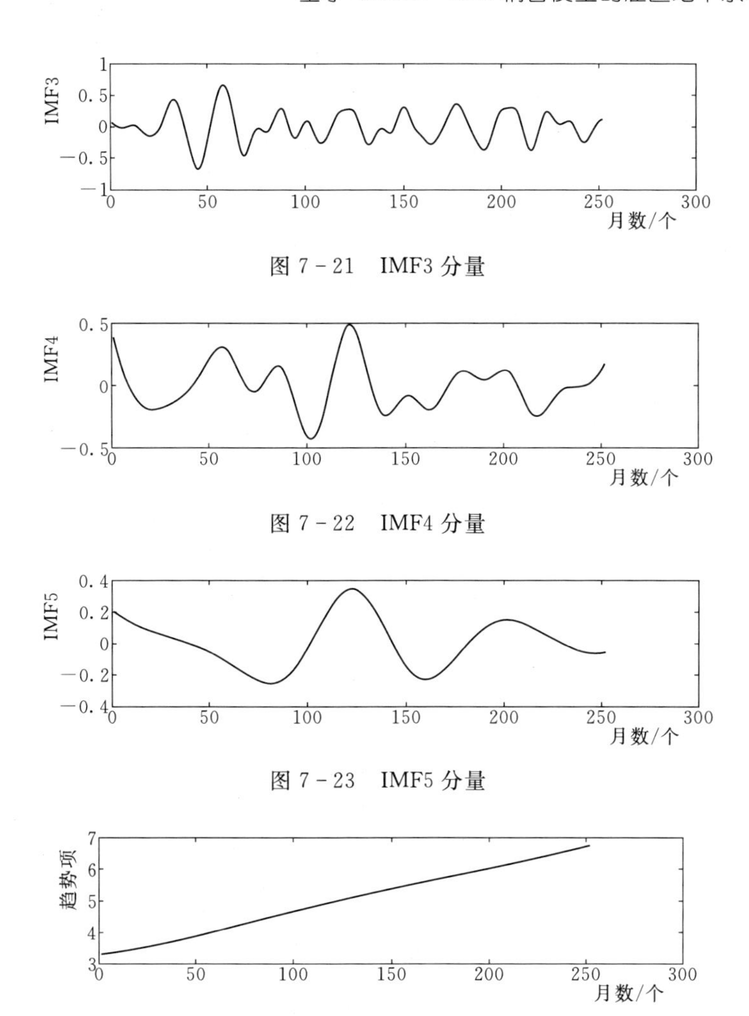

图 7－21　IMF3 分量

图 7－22　IMF4 分量

图 7－23　IMF5 分量

图 7－24　趋势项分量

从图 7－19～图 7－24 可以看出，地下水埋深序列被分解为 5 个 IMF 分量和 1 个对应的趋势项。其中，IMF1 分量波动性最大，频率高、波长最短；其他 IMF 分量振幅逐渐减小，频率逐渐降低，波长逐渐变大。人民胜利渠灌区地下水埋深序列经过 CEEMD 处理后，序列的波动性、非平稳性大大降低，并将原始序列分解成具有周期性的 IMF 分量，降低预测的困难性。

7.4.3.2　地下水埋深预测

在利用 NAR 网络对人民胜利渠灌区地下水埋深进行预测时，必须进行训练、测试样本的划分。将 1993—2011 年的 IMF 和趋势项作为训练样本，2012—2013 年的 IMF 和趋势项作为测试样本。采用滚动预测的方式，延时阶数为 1∶6，隐含节点数为 20。

依据前面的步骤，利用 NAR 网络对人民胜利渠灌区 2012—2013 年地下水埋深的 5 个 IMF 分量和 1 个趋势项进行预测，预测结果如图 7-25～图 7-30 所示。

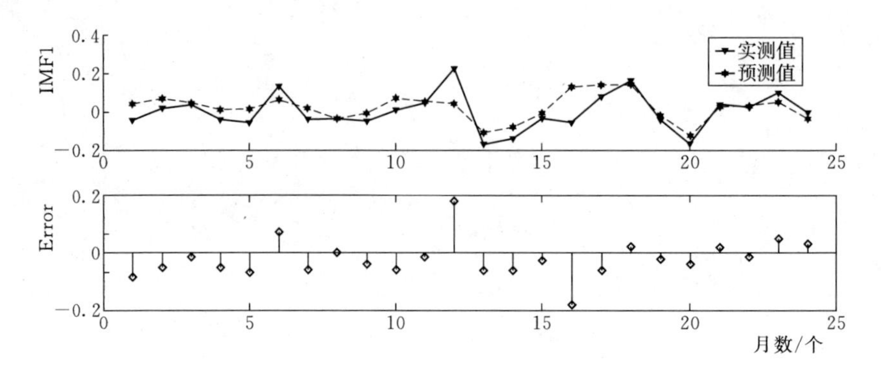

图 7-25 IMF1 预测结果和误差

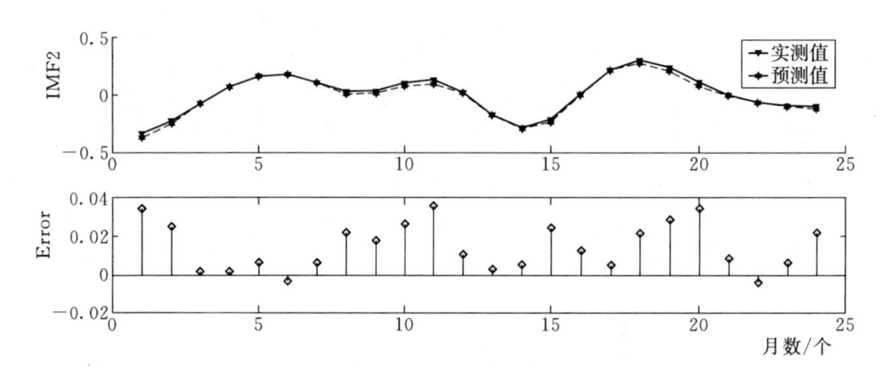

图 7-26 IMF2 预测结果和误差

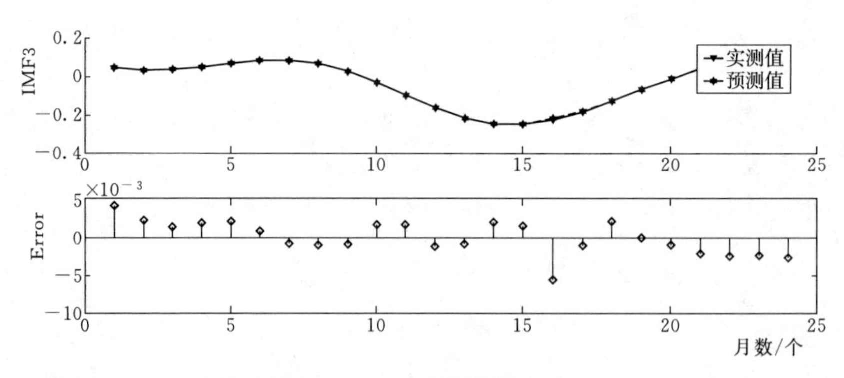

图 7-27 IMF3 预测结果和误差

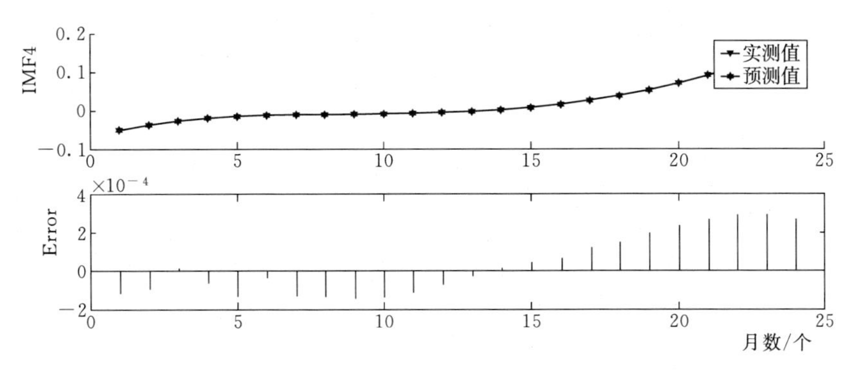

图 7－28　IMF4 预测结果和误差

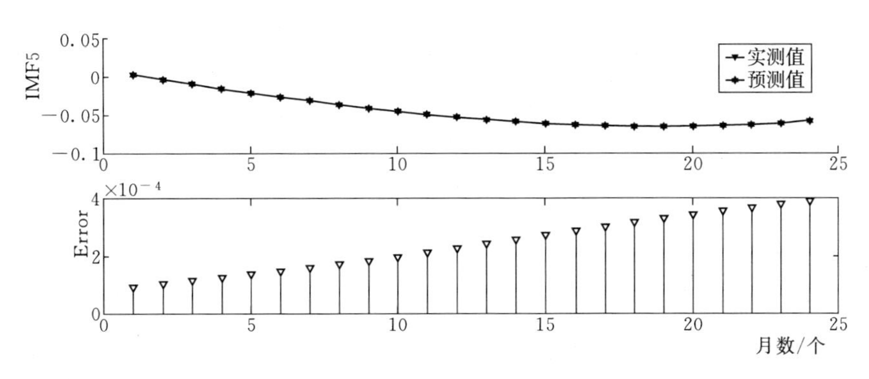

图 7－29　IMF5 预测结果和误差

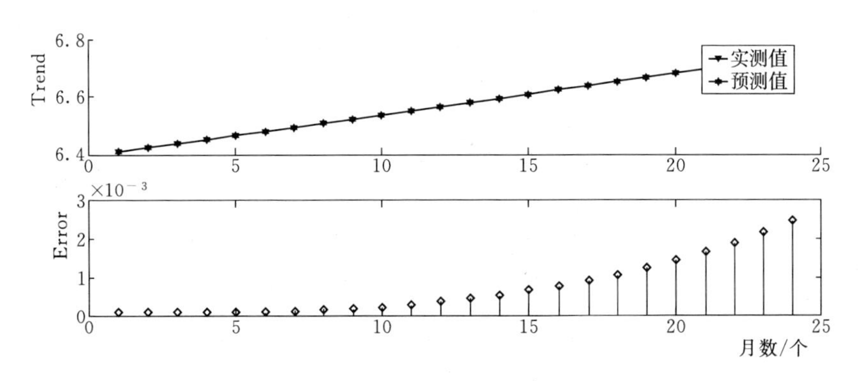

图 7－30　趋势项预测结果和误差

由图 7－25～图 7－30 可以看出，IMF1 分量的预测效果略差，这说明 IMF1 分量非平稳性要高一些；IMF2～IMF6 的预测效果较好，这说明 IMF2～IMF6 分量非平稳性要低一些，地下水埋深序列经过 CEEMD 分解后，序列的波动性、非平稳性大大降低。IMF 分量与趋势项的相对误差指标见表 7－12。

表 7-12　IMF分量与趋势项的相对误差指标　%

预测项	相对误差最大值	相对误差最小值	相对误差平均值
IMF1	174.51	0.32	13.88
IMF2	15.74	0.06	3.01
IMF3	15.64	0.01	2.22
IMF4	2.17	0.01	0.81
IMF5	1.28	0.64	0.85
趋势项	0.03	0.00	0.02

由表 7-12 可以看出，IMF1 相对误差的最大值、最小值、平均值均较大，分别为 174.51、0.32、13.88，这说明 IMF1 分量非平稳性要高一些，对预测误差影响较大；残差相对误差的最大值、最小值、平均值均较小，分别为 0.82、0.16、0.44，这说明低频信号相对平稳，对预测误差影响较小。地下水埋深序列经过 CEEMD 分解后，IMF 分量愈趋于平稳，IMF1 残差的相对误差的各项指标整体呈现出逐渐减小的趋势。人民胜利渠灌区 2012—2013 年地下水埋深预测的相对误差见表 7-13。

表 7-13　人民胜利渠灌区 2012—2013 年地下水埋深预测的相对误差

年份	月份	真实值/m	预测值/m	绝对误差	相对误差/%
2012	1	6.03	6.07	0.044	4.43
	2	6.21	6.23	0.022	2.16
	3	6.4	6.40	0.003	0.33
	4	6.49	6.54	0.045	4.50
	5	6.6	6.66	0.061	6.07
	6	6.83	6.76	−0.071	7.06
	7	6.6	6.65	0.051	5.10
	8	6.52	6.50	−0.023	2.26
	9	6.48	6.50	0.023	2.30
	10	6.56	6.59	0.031	3.09
	11	6.57	6.54	−0.029	2.85
	12	6.59	6.40	−0.194	19.44
2013	1	5.96	6.02	0.058	5.77
	2	5.86	5.91	0.052	5.23
	3	6.06	6.06	−0.002	0.20

续表

年份	月份	真实值/m	预测值/m	绝对误差	相对误差/%
2013	4	6.3	6.48	0.175	17.53
	5	6.71	6.77	0.055	5.50
	6	6.96	6.91	−0.046	4.63
	7	6.78	6.77	−0.008	0.85
	8	6.62	6.62	0.003	0.28
	9	6.8	6.78	−0.024	2.37
	10	6.8	6.81	0.012	1.16
	11	6.92	6.86	−0.055	5.50
	12	6.87	6.82	−0.052	5.25
平均相对误差（%）		4.74			

由表 7－13 可以看出，CEEMD－NAR 耦合预测模型相对误差的最大值、最小值、平均值分别为 19.44%、0.20%、4.74%，模型预测相对误差较小，合格率较高。

图 7－31 是人民胜利渠灌区 2012—2013 年地下水埋深的预测曲线，由图 7－31 可以看出，人民胜利渠灌区 2012—2013 年地下水埋深的预测值与真实值基本一致，CEEMD－NAR 耦合模型的拟合度较高。

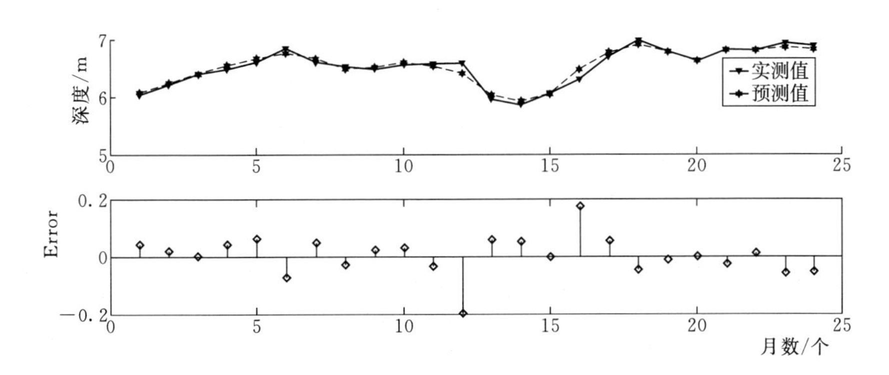

图 7－31 人民胜利渠灌区 2012—2013 年地下水埋深预测曲线

7.4.3.3 小结

CEEMD－NAR 模型与其他模型的预测误差对比结果见表 7－14。CEEMD－NAR 模型与其他模型对比如图 7－32 所示。

表 7-14 CEEMD-NAR 模型与其他模型的对比 %

年份	月份	CEEMD-NAR 模型 相对误差	EEMD-NAR 模型 相对误差	NAR 模型 相对误差
2012	1	4.43	3.43	12.23
	2	2.16	3.90	9.23
	3	0.33	4.20	17.05
	4	4.50	2.04	14.52
	5	6.07	7.41	21.92
	6	7.06	9.69	25.32
	7	5.10	12.28	19.84
	8	2.26	18.62	7.60
	9	2.30	13.74	0.49
	10	3.09	3.50	18.74
	11	2.85	10.81	10.19
	12	19.44	14.87	7.02
2013	1	5.77	0.58	11.74
	2	5.23	12.23	3.01
	3	0.20	8.59	26.48
	4	17.53	23.74	17.10
	5	5.50	22.10	46.75
	6	4.63	6.83	51.50
	7	0.85	18.31	15.67
	8	0.28	8.76	4.73
	9	2.37	4.89	23.28
	10	1.16	4.57	2.27
	11	5.50	1.05	26.65
	12	5.25	9.38	7.32
平均相对误差		4.74	9.40	16.69
CEEMD-NAR 耦合模型预测合格率		100		
EEMD-NAR 网络模型预测合格率		83.33		
NAR 网络模型预测合格率		75		

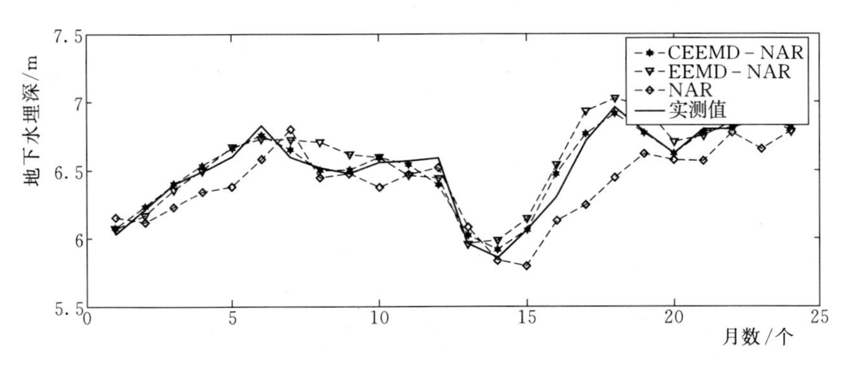

图 7－32　CEEMD－NAR 模型与其他模型的对比

从表 7－14 与图 7－32 可以看出，CEEMD－NAR 耦合模型对地下水埋深预测的合格率为 100%，且相对误差较低，模型要明显优于 EEMD－NAR 耦合模型和 NAR 模型，模型较好地克服了白噪音对 EEMD－NAR 网络影响的缺点和 NAR 网络高频、非平稳数据不能很好学习的缺点，从而使预测精度提高。

地下水埋深序列经过 CEEMD 分解，降低原始序列非平稳性，且更具有规律性，这为 NAR 模型预测提供了良好的条件。EMD－NAR 耦合模型预测相对误差小于 4.74%，模型合格率为 100%，精度较高，并优于 EEMD－NAR 模型和 NAR 神经网络。这表明 EEMD－Elman 耦合模型用于灌区地下水埋深预测是可行的。在地下水埋深序列进行 CEEMD 分解的基础上，利用 NAR 网络对 IMF1～IMF5 以及趋势项进行预测，解决了直接用 NAR 网络对一些高频突变数据不能很好学习的问题。通过对 EEMD 分解后的各成分进行预测和重构，能够较好地拟合真实值。相比于传统单一的 NAR 网络，模型在细节上能合理地反映序列的真实变化。地下水埋深时间序列经过 CEEMD 分解，信号被分解为 5 个 IMF 分量和 1 个趋势项，其预测值等于 5 个 IMF 分量和 1 个趋势项的预测值相加。尽管 IMF1 分量预测误差相对偏大，但 IMF1 分量在地下水序列中所占比重较小，故不会影响地下水埋深的预测误差。通过将地下水埋深序列分解成不同频率的子分量，则复杂的地下水埋深预测变成对多个简单的单一变量预测。

尽管建立的 CEEMD－NAR 耦合模型整体预测精度较高，但对高频分量的预测相对误差较高，模型没有考虑地下水埋深变化的物理机制。另外，模型的适用性及精度的提升仍需进一步研究，这些都将是下一步的研究方向和重点。

参 考 文 献

[1] Berendrecht W. L.; van Geer F. C. A dynamic factor modeling framework for analyzing multiple groundwater head series simultaneously [J]. Journal of Hydrogeology, 2016, 536: 50－60.

[2] Bokar H. Groundwater quality and contamination index mapping in Changchun city, China [J]. Chinese Geographical Science, 2004 (1): 64－71.

[3] Clemens r DB. Setting action levels for drinking water: are we protecting our health or our economy [J]. Science of the Total Enviroment, 2004, 332 (1): 13－21.

[4] E. Zaltsberg. B. I. Kudelin: a pioneer of regional evaluation of groundwater resources in Russia [J]. Hydrogeology Journal, 2012, 20 (1): 201－203.

[5] Fijani E, Nadiri A A, Asghari Moghaddam A, et al. Optimization of DRASTIC method by supervised committee machine artificial intelligence to assess groundwater vulnerability for Maragheh－Bonab plain aquifer, Iran [J]. Journal of Hydrology, 2013, 503 (9): 89－100.

[6] Jamrah A, Al－futaisi A, Rajmohan N, et al. Assessment of Groundwater Vulnerability in the Coastal Region of Oman Using Drastic Index Method in Gis Environment [J]. Environmental Monitoring and Assessment, 2008, 147 (1): 125－138.

[7] Kao J, Li P, Hu W. Optimization Models for Siting Water Quality Monitoring Stations in a Catchment [J]. Environmental Monitoring and Assessment, 2012, 84 (1): 43－52.

[8] Lewis Alan R.; Ronayne Michael J.; Sale Thomas C. Estimating Aquifer Properties Using Derivative Analysis of Water Level Time Series from Active Well Fields [J]. Groundwater, 2016, 54 (3): 414－424.

[9] Melloul a j CM. A proposed index for aquifer water－quality assessment: the case Iseael's Sharon region [J]. Journal of Environment Management, 1998, 54 (2): 131－142.

[10] Muñiz CD, Nieto PG, Fernández JA, et al. Detection of Outliers in Water Quality Monitoring Samples Using Functional Data Analysis in San Esteban Estuary (northern Spain) [J]. Science of the Total Environment, 2012, 439: 54－61.

[11] Nadiri A A, Gharekhani M, Khatibi R, et al. Assessment of groundwater vulnerability using supervised committee to combine fuzzy logic models [J]. Environmental Science & Pollution Research, 2017, 24 (9): 1－16.

[12] Pardo Igzquiza E, Rodrguez Tovar F J. Maxenper: A program for maximum entropy spectral estimation with assessment of statistical significance by the permutation test [J]. Computers and Geosciences, 2005, 31 (5): 555－562.

[13] Roberto Deidda, Maria Grazia Badas, Enrico Piga. Space－time multifractality of remotely sensed rainfall fields [J]. Journal of Hydrology, 2006, 322: 2－13.

[14] Roberts T, Lazarovitch N, Warrick A W, et al. Modeling salt accumulation with subsurface drip irrigation using HYDRUS - 2D [J]. Soil Science Society of America Journal, 2009, 73 (1): 1027 - 1033.

[15] Roselló MP, Martinez JV, Navarro BA. Vulnerability of Human Environment to Risk: Case of Groundwater Contamination Risk [J]. Environment International, 2008, 35 (2): 325 - 335.

[16] Rouxel M, Molénat J, Ruiz L, et al. Seasonal and Spatial Variation in Groundwater Quality Along the Hillslope of an Agricultural Research Catchment [J]. Hydrological Processes, 2011, 25 (6): 831 - 841.

[17] Singh S. P.; Mukhopadhyay S. Bayesian crossover designs for generalized linear models [J]. Computational Statistics & Data Analysis, 2016, 104: 35 - 50.

[18] 高占义，王浩．中国粮食安全与灌溉发展对策研究 [J]. 水利学报，2008，39 (11): 1273 - 1278.

[19] 段强．引黄泵站清水系统自动监控功能改造 [J]. 电工技术，2013 (5): 47 - 48.

[20] 何宏谋，张永．黄河下游引黄灌区水资源利用研究 [J]. 人民黄河，1996 (8): 41 - 43.

[21] 侯传河，肖素君，侯玉玲．黄河下游引黄灌区水资源及利用特点分析 [J]. 灌溉排水，2000，19 (3): 62 - 65.

[22] 姜文来．农业水资源管理机制研究 [J]. 农业现代化研究，2001，22 (2): 76 - 79.

[23] 蒋力，马福恒，汪建宏．基于物联网的灌区智能管理系统研发 [J]. 浙江水利科技，2016，44 (6): 59 - 63.

[24] 李子阳，马福恒，李涵曼，等．人民胜利渠灌区智慧管理平台的物联网架构 [J]. 人民黄河，2019 (6): 88 - 92.

[25] 吕志栋，宋威，李呈辉．人民胜利渠灌区推进信息化建设的方法 [J]. 河南水利与南水北调，2019 (4): 80 - 81.

[26] 尚德功．人民胜利渠灌区水资源实时监控系统建设 [J]. 人民黄河，2013，35 (9): 95 - 96.

[27] 史红玲，胡春宏，王延贵．黄河下游引黄灌区水沙配置能力指标研究 [J]. 泥沙研究，2019，44 (1): 1 - 7.

[28] 王根绪，杨玲媛，陈玲，等．黑河流域土地利用变化对地下水资源的影响 [J]. 地理学报，2005 (3): 456 - 466.

[29] 谢崇宝，张国华，高虹，等．我国灌区用水管理信息化软件系统研发现状 [J]. 节水灌溉，2009 (2): 8 - 10.

[30] 张巨磊，闫耕泉，王一秋．引黄灌区沉沙高地生态治理浅议 [J]. 地下水，2013，35 (3): 74 - 75.

[31] 张宗祜，任福弘，费瑾，等．开展中国大陆水圈演化研究保护人类生存环境 [J]. 地球学报，1995 (1): 22 - 27.

[32] 张宗祜．华北大平原地下水的历史和现状 [J]. 自然杂志，2005，7 (6): 11 - 315.

[33] 赵菲．农业水资源紧缺对我国粮食安全的影响分析 [J]. 环境生态网，2010 (19): 23 - 24.

[34] 张宗祜，施德鸿，沈照理，等．人类活动影响下华北平原地下水环境的演化与发展

[J]. 地球学报，1997，14 (4)：2 - 9.
[35] 滕加泉，陆加琪，刘芳，等．新常态下环境监测的机遇和挑战 [J]. 环境监控与预警，2015，7 (6)：59 - 62.
[36] 周亚平，李欣苓，李晓辉，等．浅析我国大型灌区信息化建设 [J]. 水利水文自动化，2007 (3)：1 - 7.
[37] 王腾．“互联网＋”时代下我国环境监管面临的机遇与挑战 [J]. 环境保护，2015 (17)：48 - 51.
[38] 任姝娟，张磊．基于物联网的地下水环境监测系统 [J]. 科技创新导报，2018，15 (13)：146 - 148.
[39] 梁云智，徐莹．地下水环境监测技术探析 [J]. 现代园艺，2018，358 (10)：149.
[40] 马晓晓，方土，王中伟，等．我国环境监测现状分析及发展对策 [J]. 环境科技，2010，23 (2)：132 - 135.
[41] 黄艳．关于地下水环境监测技术的研究 [J]. 建材发展导向，2017，6：326 - 327.
[42] 孙淼，王宝红，徐郅杰．2017 年河南省区域地下水水位动态监测研究 [J]. 环境与发展，2019 (5)：148，151.
[43] 王姝欣．我国环境监测现状及创新模式探析 [J]. 资源节约与环保，2018 (1)：42 - 43.
[44] 李明乾，肖长来，梁秀娟，等．变化环境下地下水埋深动态特征及驱动因素分析 [J]. 水利水电技术，2018，49 (11)：1 - 7.
[45] 李生潜，张彦洪，马雁萍，等．石羊河流域盆地地下水动态变化特征分析 [J]. 干旱区资源与环境，2018，32 (12)：145 - 151.
[46] 郑永山．石羊河流域地下水埋深时空变化研究 [J]. 地下水，2017，39 (4)：60 - 61.
[47] 徐强，束龙仓，杨丹，等．北京市平谷平原地下水水位动态统计预测模型 [J]. 水电能源科学，2009，27 (5)：58 - 61.
[48] 畅利毛．呼和浩特地区地下水动态变化特征及影响因素分析 [J]. 人民黄河，2016，38 (6)：62 - 64.
[49] 孙月，毛晓敏，沈清林，等．石羊河流域地下水埋深时空变化规律研究 [J]. 干旱区资源与环境，2009，23 (12)：112 - 117.
[50] 郝振纯，闫龙增，鞠琴，等．山西省盆地 2006—2010 年地下水动态分析 [J]. 人民黄河，2014，36 (6)：90 - 96.
[51] 兰盈盈，陈经明，王嘉昕，等．南昌市城区地下水动态特征及影响因素分析 [J]. 南昌工程学院学报，2017，36 (3)：32 - 36.
[52] 李楠．温宿县地下水埋深与水位动态分析 [J]. 陕西水利，2019 (7)：60 - 62.
[53] 单利军．太原市地下水动态变化特征分析 [J]. 山西煤炭，2019，39 (2)：8 - 13.
[54] 王仕琴，宋献方，王勤学，等．华北平原地下水位微动态变化周期特征分析 [J]. 水文地质工程地质，2014，41 (3)：6 - 12.
[55] 韩宇平，张冬青，刘中培．人民胜利渠灌区地下水水化学特征研究 [J]. 人民黄河，2018，40 (8)：85 - 90.
[56] 张广生．浅析廊坊市浅层地下水位动态变化特征及其影响因素 [J]. 地下水，2008，30 (4)：51 - 53.

[57] 王仕琴，宋献方，王勤学，等．华北平原浅层地下水水位动态变化 [J]. 地理学报，2008，63 (5)：462-472.

[58] 李萍，魏晓妹．气候变化对灌区农业需水量的影响研究 [J]. 水资源与水工程学报，2012，23 (1)：81-85.

[59] 邓青军，唐仲华，吴琦，等．荆州市地下水动态特征及影响因素分析 [J]. 长江流域资源与环境，2014，23 (9)：215-221.

[60] 李庆朝．位山引黄灌区浅层地下水资源调控研究 [J]. 地域研究与开发，2004，23 (1)：62-65.

[61] 李胜男，王根绪，邓伟，等．黄河三角洲典型区域地下水动态分析 [J]. 地理科学进展，2008，27 (5)：49-56.

[62] 李翊，梁川．都江堰灌区水资源优化调度系统研究 [J]. 应用基础与工程科学学报，2007，15 (4)：466-472.

[63] 李政，苏永秀．1961—2004 年广西降水的变化特征分析 [J]. 中国农业通报，2009，25 (15)：268-272.

[64] 马林，杨艳敏，杨永辉，等．华北平原灌溉需水量时空分布及驱动因素 [J]. 遥感学报，2011，15 (2)：324-339.

[65] 仵彦卿，李俊亭．地下水动态研究现状与展望 [J]. 长安大学学报（地球科学版），1992 (4)：58-64.

[66] 鱼京善，王国强，刘昌明．基于 GIS 系统和最大熵谱原理的降水周期分析方法 [J]. 气象科学，2004 (9)：276-285.

[67] 肖彩虹，郝玉光，贾培云．乌兰布和沙漠东北部磴口绿洲近 52a 水分因子的变化 [J]. 干旱区资源与环境，2008 (6)：161-165.

[68] 徐宗学，张楠．黄河流域近 50 年降水变化趋势分析 [J]. 地理研究，2006，25 (1)：28-34.

[69] 杨丽丽，谢新民，张继伟，等．淄博市地下水水位动态分析 [J]. 人民黄河，2008，30 (1)：44-45.

[70] 常迪，黄仲冬，齐学斌，等．人民胜利渠灌区净灌溉需水量时空变异及影响因子分析 [J]. 农业工程学报，2017，33 (24)：118-125.

[71] 曾明荣，成海．模糊数学在水质评价中的应用 [J]. 福建环境，1999，16 (5)：7-9.

[72] 崔振昂，贾华伟，李方林，等．改进的灰色变权聚类法在水质评价中的应用 [J]. 安全与环境工程，2003，10 (2)：30-33.

[73] 耿冬青，张洪国，王福刚．改进的 BP 网络在地下水水质评价中的应用 [J]. 世界地质，2000，19 (4)：366-369，374.

[74] 谷朝君，潘颖，潘明杰．内梅罗指数法在地下水水质评价中的应用及存在问题 [J]. 环境保护科学，2002，208 (1)：45-47.

[75] 郭小砾，刘红云，杨操静．模糊综合评价方法在地下水水质评价中的应用 [J]. 地下水，2006 (4)：9-12.

[76] 黄胜伟，董曼玲．自适应变步长 BP 神经网络在水质评价中的应用 [J]. 水利学报，2002，33 (10)：119-123.

[77] 姜纪沂．地下水环境健康理论与评价体系的研究及应用 [D]. 吉林：吉林大学，2007.

［78］ 李定龙，汪茂连，孙本魁，等．灰色聚类法在煤矿区地下水水质评价中的应用［J］．煤矿环境保护，1997，11（4）：56－59.
［79］ 李凤全，林年丰．神经网络和地理信息系统耦合方法在地下水水质评价中的应用［J］．长春科技大学学报，2001，31（1）：50－53.
［80］ 罗定贵，王学军，郭青．基于MATLAB实现的ANN方法在地下水质评价中的应用［J］．北京大学学报（自然科学版），2004，40（2）：296－302.
［81］ 王荣晶，张运凤，张永华，等．大型灌区地下水资源承载力评价指标体系及评价方法研究［J］．华北水利水电学院学报，2009（3）：4－8.
［82］ 王为民，忻鼎耀．对地下水评价方法的探讨［J］．中国环境监测，1998，14（2）：42－44.
［83］ 魏文秋，孙春鹏．模糊神经网络水质评价模型［J］．武汉水利电力大学学报，1996，29（4）：23－27.
［84］ 沃飞，陈效民，吴华山，等．灰色聚类法对太湖地区农村地下水水质的评价［J］．安全与环境学报，2006（4）：38－41.
［85］ 肖红，徐运卿．灰色聚类法在许昌市中浅层地下水质评价中的应用［J］．江苏环境科技，1998，11（2）：40－43.
［86］ 徐存东，程慧，王燕，等．灌区土壤盐渍化程度云理论改进多级模糊评价模型［J］．农业工程学报，2017，33（24）：88－95.
［87］ 张光辉，申建梅，聂振龙，等．区域地下水功能及可持续利用性评价理论与方法［J］．水文地质工程地质，2006（4）：62－66＋71.
［88］ 苏耀明，苏小四．地下水水质评价的现状与展望［J］．水资源保护，2007，23（2）：4－9＋12.
［89］ 周惠成，董四辉．基于投影寻踪的水质评价模型［J］．水文，2005（4）：14－17.
［90］ 朱伟，夏霆，姜谋余，等．城市河流水环境综合评价方法探讨［J］．水科学进展，2007，（5）：736－744.
［91］ 陈耿彪，陈慧勇，贺尚红．改进的Elman网络在系统辨识中的应用［J］．机械工程与自动化，2005（6）：48－49.
［92］ 胡安炎，高瑾，贺屹，等．干旱内陆灌区土壤水盐模型［J］．水科学进展，2002，13（6）：726－729.
［93］ 李爽，赵相杰，谢云，等．基于土壤理化性质估计土壤水分特征曲线Van Genuchten模型参数［J］．地理科学，2018，38（7）：1189－1197.
［94］ 林青，徐绍辉．基于GLUE方法的饱和多孔介质中溶质运移模型参数不确定性分析［J］．水利学报，2012，43（9）：1017－1024.
［95］ 刘路广，崔远来，罗玉峰．基于Modflow的灌区地下水管理策略——以柳园口灌区为例［J］．武汉大学学报（工学版），2010，43（1）：25－29.
［96］ 罗朋．负压灌溉对山地果树土壤水分及产量的影响研究［J］．山西水利科技，2017（3）：80－83，88.
［97］ 史晓艳，李维弟，余露，等．玛纳斯河流域农灌区土壤盐渍化遥感定量评价［J］．灌溉排水学报，2018，37（11）：69－75，83.
［98］ 姚德良，冯金朝，谢正桐，等．红壤地区近地层大气与上层土壤的相互作用动力学模型研究［J］．中央民族大学学报（自然科学版），2002（1）：13－20，38.

[99] 俞明涛，张科锋．基于 HYDRUS-2D 软件的土壤水力特征参数反演及间接地下滴灌的土壤水分运动模拟 [J]. 浙江农业学报，2019，31 (3)：458-468.

[100] 张立志，徐立荣，徐征和，等．引黄灌区畦田灌水技术试验研究 [J]. 节水灌溉，2016，(8)：109-112.

[101] 曹伟征，李光轩，张玉国，等．基于 PSR 和 PSO 的区域地下水埋深 ELM 预测模型 [J]. 水利水电技术，2018，49 (6)：47-53.

[102] 张先起，宋超，胡登奎．基于 EEMD 与 Elman 网络的灌区地下水埋深预测模型 [J]. 节水灌溉，2018 (12)：86-91.

[103] 陈笑，王发信，戚王月，等．基于遗传算法的 BP 神经网络模型在地下水埋深预测中的应用——以蒙城县为例 [J]. 水利水电技术，2018 (4)：1-7.

[104] 董起广，周维博，刘雷，等．BP 神经网络在渭北旱塬区地下水埋深预测中的应用 [J]. 水资源与水工程学报，2012，23 (4)：112-114.

[105] 杜云皓，仇锦先，冯绍元．改进 GA-BP 模型在地下水位埋深预测中的应用 [J]. 节水灌溉，2017 (9)：81-84.

[106] 李荣峰，沈冰，张金凯．考虑周期性变化的地下水埋深预测自记忆模型 [J]. 农业工程学报，2005，21 (7)：34-37.

[107] 李析男，王宁，梅亚东，等．NAR 神经网络的应用与检验——以城市居民生活需水定额为例 [J]. 灌溉排水学报，2017，36 (11)：122-128.

[108] 吕萍，刘东，赵菲菲．三江平原地下水埋深灰色自记忆预测模型 [J]. 水土保持研究，2011，18 (5)：239-242.

[109] 马聪．地下水位埋深的 SARIMA 与 BP 神经网络组合模型预测分析 [J]. 人民珠江，2015，36 (4)：112-115.

[110] 沈慧芳，李民生，罗丰．基于递推算法的严格最大熵谱估计 [J]. 雷达科学与技术，2008，8 (4)：287-291.

[111] 谭娇，丁建丽，陈文倩，等．基于多变量时间序列模型的地下水埋深预测——以渭库绿洲为例 [J]. 节水灌溉，2017 (9)：55-59+64.

[112] 王峰虎，齐祥会，贺毅岳．基于小波低频分量的量化择时策略及仿真模拟 [J]. 统计与决策，2018 (4)：143-147.

[113] 王静，李维德．基于 CEEMD 和 GWO 的超短期风速预测 [J]. 电力系统保护与控制，2018，46 (9)：69-74.

[114] 徐亮，李平．基于动态神经网络的航空发动机性能参数预测 [J]. 滨州学院学报，2015，31 (6)：23-27.

[115] 徐留兴，梁川，王上辅．Elman 模型在黄河上游年径流预测中的应用 [J]. 人民黄河，2006，28 (11)：24-25.

[116] 许拯民，刘紫薇，韩伟伟．基于混沌相空间技术的地下水埋深预测的 BP 网络模型 [J]. 华北水利水电大学学报（自然科学版），2016，37 (5)：63-67.

[117] 薛联青，崔广柏，程光．区域地下水位预报的季节型神经网络模型 [J]. 水文，2005，13 (4)：14-17.

[118] 张生宇．不同模型地下水埋深预测精度和适用性分析 [J]. 水科学与工程技术，2017 (5)：25-27.

［119］ 赵天兴，朱焱，杨金忠，等．基于 CAR - SVM 模型的季节性冻融区地下水埋深预测［J］．排灌机械工程学报，2018，36（11）：1180 1186．

［120］ 赵小惠，张影．基于 NAR 网络的短生命周期产品需求预测［J］．西安工业大学学报，2017，37（7）：544 - 549．

［121］ 朱洪俊．非平稳信号自适应滤波的小波模型与滤波方法［J］．机械工程学报，2006，42（8）：201 - 204．

［122］ 朱学锋，韩宁．基于小波变换的非平稳信号趋势项剔除方法［J］．飞行器测控学报，2006，25（5）：81 - 85．